与最聪明的人共同进化

潜战 CHEERS

HERE COMES EVERYBODY

理论最小值：
经典力学

THE
THEORETICAL
MINIMUM

［美］莱昂纳德·萨斯坎德　　［美］乔治·拉保夫斯基　　著
LEONARD SUSSKIND　　GEORGE HRABOVSKY

白嵩　译

浙江教育出版社·杭州

To our spouses
those who have chosen to put up with us,
and to the students of Professor Susskind's
Continuing Education Courses

献给我们的另一半
她们选择与我们同甘共苦
同样献给
参加萨斯坎德教授继续教育课程的同学们

理论最小值就是你该了解的一切

莱昂纳德·萨斯坎德
弦论之父，著名物理学家

我一直很享受讲授物理学这件事。对我来讲，它的意义不仅在于授课，而是给了我一种思维方式。甚至当我在书桌前做研究时，头脑中都会浮现出与学生对话的场景。我发现理解某个事物的最佳方式总是想办法把它清楚地解释给别人听。

大约 10 年前有人问我是否想给公众授课。实际上，在斯坦福大学城的周围有很多人曾经想学习物理学，但是却迫于生活压力未能如愿。他们从事着各种各样的职业，但对于宇宙定律的迷恋却从未退却。现在，在工作之后，他们仍想重拾物理学。

令人感到不幸的是，这些人鲜有机会参加课程学习。斯坦福大学和其他大学都规定，不允许外人进入课堂。而且，对于多数成年人来说，重返校园成为全日制学生也不现实。这令我感到困扰，因为人们本应通过与活跃科学家交流来发展兴趣，但是看起来他们并没有这样的机会。

这件事一直困扰着我，直到我了解到斯坦福大学继续教育计划。这个计划为当地非学术社区居民提供课程。我想这个计划或许可以实现我给公众讲授物理学的愿望，而学习物理学也正是他们的愿望，另外，或许讲授现代物理学也是一件乐事。无论如何，我都准备先尝试一学期。

事实证明这很有趣，而且这种授课方式的效果在某种程度上比给本科生和研究生上课更令人满意。这些学生只有一个目的：仅仅是为了学习和满足好奇心，而不是获得学分、学位，也不是应付考试。并且，互相"混熟"了以后，他们会毫不胆怯地提问，课堂气氛充满活力，而这种活跃的课堂氛围在学术课堂上少有出现。因此我决定继续这个计划。

几个学期之后，我明显地感到，学生们已经不满足于我讲授的面向外行的课程。他们想要获得高于阅读《科学美国人》（*Scientific American*）杂志的体验。他们当中很多人有一点儿物理学背景，有生疏但没有遗忘的微积分知识以及一些解决技术问题的经验。他们已经准备好深入学习用方程描述的真正的物理学。因此，一系列旨在带领这些学生领略现代物理学和宇宙学前沿的课程应运而生。

令人感到幸运的是，有人想出了给课程录像这个好办法。互联网上有很多这样的课程视频，而且它们看起来非常受欢迎。渴望学习物理学的人不仅存在于斯坦福区。我收到过来自世界各地成千上万的电子邮件，这些邮件的一个主要请求是询问我是否会把讲座整理成书——而这本《理论最小值：经典力学》就是我的回应。

"理论最小值"（theoretical minimum）这个概念不是我发明的，它源自伟大的俄罗斯物理学家列夫·朗道（Lev Landau）。理论最小值代表一个学生在朗道手下做研究时所需要掌握的知识。朗道是一个要求很高的人，他要求的理论最小值代表了他所知道的一切，当然其他人不可能达到这个高度。

我用这个术语表达不同的意思。对我而言，理论最小值代表你进阶更高层次所需要掌握的知识。它不是指能够解释一切的大部头百科全书式的教材，而是指解释一切重要知识的一本小书。《理论最小值》这套书系内容与我们的网课是配套的。

欢迎阅读《理论最小值：经典力学》，祝你好运！

这是一场享受之旅

乔治·拉保夫斯基
物理爱好者

　　我 11 岁时，开始自学数学和物理学。到现在 40 多年过去了，这之间发生了很多事——我也是一个被生活不断牵着走的人。即便如此，我还是学到了很多数学和物理学知识。尽管我从未攻读过任何学位，仍有人雇用我做研究。

　　对我来讲，《理论最小值：经典力学》这本书始于一封电子邮件。在观看了构成本书基本内容的讲座视频后，我给莱昂纳德·萨斯坎德发邮件，问他是否想把讲座内容整理成书。一步一步走来，就诞生了这本书。

　　我们不可能把所有想要的内容装进这本书，那样的话这本书就不会是小部头的《理论最小值：经典力学》，而是大部头的《经典力学教程》。后者可以通过网络碎片化的信息积累，它可以呈现图书无法涵盖的更多内容。读者可以在以下网址 www.madscitech.org/tm 找到更多资料，包括习题答案、教学演示和其他无法在书中展示的附加材料。

希望你能像我们享受创作这本书一样，享受阅读。

The
Theoretical
Minimum

目 录

The Theoretical Minimum

第 1 讲

经典物理学的本质

lecture 1
The Nature of Classical Physics

在斯坦贝克村的某个角落，两个疲惫的人坐在路边。"乔治，给我讲讲物理学定律吧。"列尼一边捋着胡子一边说。乔治低头沉思片刻，然后透过眼镜上沿凝视着列尼，说道："可以，列尼，不过只讲最基本的。"

何为经典物理学

经典物理学（classical physics）是指量子物理学诞生之前的物理学。经典物理学包括描述质点运动的牛顿运动方程、麦克斯韦 – 法拉第电磁场理论和爱因斯坦广义相对论。但它不局限于描述特定现象的特定理论，而是一个包括一系列原理和规则的集合，是一种当量子不确定性影响不显著时支配一切现象的底层逻辑。这些底层规则被称作经典力学（classical mechanics）。

经典力学的任务是预测未来。18 世纪伟大的物理学家皮埃尔 – 西蒙·拉普拉斯（Pierre-Simon Laplace）曾这样说道：

> 我们可以把宇宙当前的状态看作其过去的果和未来的因。假使一种智能可以知道在某一时刻造成自然运动的所有力和构成自然的所有物质的位置，

假使这种智能也足够强大到有能力对这些数据进行分析，那么在宇宙里，从最大的物体到最小的粒子，它们的运动都将能被一个简单公式描述。对于这个智能来说，不存在不确定性，并且未来只会像过去一样呈现在它的眼前①。

在经典物理学里，如果你知道系统在某些时刻的所有信息，也知道支配系统变化的方程，那么你就可以预测它的未来。这就是我们所说的——经典物理学定律是确定性的（deterministic）。如果颠倒过去和未来之后上述条件依旧成立，那么相同的方程可以告诉你过去的一切。满足这个条件的系统被称作可逆性（reversible）系统。

简单动力学系统和状态空间

客观物质——包括粒子、场、波等的集合被称作系统。宇宙系统或者与外界完全孤立的系统叫作封闭系统。

----

① 这个智能就是所谓的拉普拉斯妖（Laplace's demon）。——译者注

The Theoretical
Minimum

本讲经典力学练习

练习 1: 系统的概念对于理论物理学非常重要。请你思
考: 什么是封闭系统? 封闭系统真实存在吗?
建立封闭系统时隐含了哪些假设? 什么是开放
系统?

我们先来讨论几个简单的封闭系统, 以此理解确定性和
可逆性的概念。它们比物理学家研究的系统简单得多, 但它
们满足简化版的经典力学定律。我们从一个非常简单的例子
入手。想象一个只有一种状态的抽象物体, 它可以是一枚粘
在桌子上的硬币——一直正面朝上。在物理学术语中, 一
个系统的全部状态的集合叫作它的状态空间 (state-space)。
状态空间不是一般的空间, 它是一个数学集合, 其中的元素
代表系统可能出现的状态。这个例子中, 因为系统只有一种
状态, 所以状态空间只有一个元素——正面 (Head), 简写
为"正" (H)。我们可以很轻松地预测这个系统的未来: 它
不会发生任何改变, 对它的任意观测结果总是"正"。

下一个简单系统的状态空间包含两个元素。在这个例子

里，我们有一个物体和它的两种状态。想象有一枚硬币，它可以正面朝上（"正"）或者反面（Tail）朝上，简称"反"（T）。如图 1-1 所示。

图 1-1　具有两种状态的状态空间

在经典力学中，我们可以假设系统平稳地演化，不会出现跳跃或中断，这样的行为被称作连续（continuous）。显然，你不可能平稳地改变硬币的正反面。在这个例子里，改变必须以离散的跳跃形式发生。所以，我们假设时间以用整数表示的离散形式存在，一个离散演化的世界可以被称作频闪观测式的世界（stroboscopic）[1]。

一个随时间演化的系统被称作动力学系统（dynamical system）。一个动力学系统不仅由状态空间组成，还包含运

---

[1] 作者在此处借用了频闪效应（stroboscopic effect）的概念，用来形象地描述物体在运动过程中，观察者选取运动轨迹上离散的轨迹点进行观察。在摄影中，我们利用频闪效应可以在单张照片上呈现出运动的物体在多个位置的形象。——译者注

动定律（law of motion），也可称作动力学定律（dynamical law）。动力学定律是一种规则，它可以在已知系统当前状态条件下告诉我们下一个状态。

其中，一种非常简单的动力学定律是：无论系统在任意时刻的状态如何，它的下一个状态都保持不变。对于前面的例子来讲，硬币可能有两种状态："正 – 正⋯⋯"和"反 – 反⋯⋯"。

另一种动力学定律规定：不管系统当前状态如何，它的下一个状态都与之相反。我们可以用图描述这两种定律。图 1-2 描述了第一种定律，其中从"正"出发的箭头回到"正"、从"反"出发的箭头回到"反"。它可以轻松地预测系统的未来：如果系统以"正"开始，它会一直保持"正"；如果以"反"开始，它则会一直保持"反"。

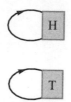

图 1-2　某两种状态系统的动力学定律

图 1-3 是上述第二种可能动力学定律的示意图，其中箭

头由"正"指向"反"，或由"反"指向"正"。你仍然可以预测系统的未来。比如，如果系统以"正"开始，那么它的状态会是"正－反－正－反－正－反……"；如果以"反"开始，那么状态会是"反－正－反－正－反－正……"。

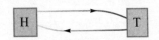

图1-3　某两种状态系统的另一种动力学定律

可以把这些动力学定律写成方程式。描述系统的变量被称作自由度（degree of freedom）。上面的例子中的硬币有一个自由度，它可以用希腊字母 σ 表示。σ 只有两种可能的值：$\sigma = 1$ 或 $\sigma = -1$，分别代表"正""反"。我们同样可以用符号追踪时间。当处理随时间连续演化的问题时，我们可以用符号 t 表示时间。这里我们研究的问题是离散演化的，因此用 n 表示时间。系统在 n 时刻的状态用 $\sigma(n)$ 表示，它表示 σ 在 n 时刻的值。

我们写出上面两个定律的方程式。第一种定律规定状态保持不变，方程式是：

$$\sigma(n+1) = \sigma(n)$$

也就是说，无论 σ 在第 n 时间步等于何值，在下一步它将取相同的值。

第二种定律的方程式是：

$$\sigma(n+1) = -\sigma(n)$$

表示每过一个时间步，系统的状态发生反转。

上述例子中系统未来的状态完全由初始状态决定，描述这种规律的定律是确定性的。经典力学中所有基本定律都是确定性的。

为了让事情更有趣，我们来试试增加状态的数量使系统一般化。我们不用硬币，而用一个六面骰子，这样就有了 6 种可能状态（如图 1-4 所示）。

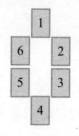

图 1-4　某 6 种状态系统

现在我们有非常多可能的定律，而且它们难以用语言，甚至难以用方程式描述。最简单的办法是采用如图 1-5 一样的图来呈现。图 1-5 表示，已知系统在第 n 时间步的状态数值，在 $n+1$ 时间步状态数值增加一个单位。这个规则在状态数值达到 6 之前都适用，在这之后图 1-5 说明状态数值返回 1 并重复这套模式。这种无限重复的模式被称作循环（cycle）。例如，如果我们从 3 开始，那么历史就是：3，4，5，6，1，2，3，4，5，6，1，2……我们称这个模式为动力学定律 1。

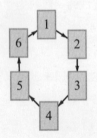

图 1-5 动力学定律 1

图 1-6 描述了另一种定律——动力学定律 2。它看起来比上一个定律混乱，但逻辑上是一样的——系统状态在 6 种可能性中无限循环。如果我们重新给这些状态命名，那么动力学定律 2 就可以和动力学定律 1 完全一样。

不是所有定律都有一样的逻辑，例如，图 1-7 所示的

动力学定律 3。动力学定律 3 有两个循环，如果从一个循环
开始，那么就不能跳到另一个。不过这个定律也是确定性
的，无论从哪里开始，系统的未来都是确定的。例如，如果
系统从状态 2 开始，那么它的历史就会是：2，6，1，2，6，
1……它不会跳到 5。如果系统从 5 开始，那么历史就是：5，
3，4，5，3，4……并且不会跳到 6。

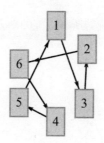

图 1-6　动力学定律 2

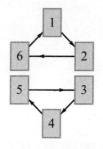

图 1-7　动力学定律 3

图 1-8 描述的动力学定律 4 包含 3 个循环。

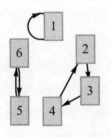

图 1-8　动力学定律 4

写出 6 种状态系统的所有可能的动力学定律会花费很长时间。

本讲经典力学练习

练习 2： 你能想出一种通用方法，用来对 6 种状态系统中可能存在的动力学定律进行分类吗？

被禁止的规则: 负一定律

根据经典物理学规则，不是所有定律都是合理的。一个动力学定律仅仅是确定性的还不够，它还需要是可逆的。

　　在物理学范畴里，可以用多种方法描述可逆。最准确的一种描述方法是，如果反转所有状态演化箭头，那么得到的定律仍然是确定性的。另一种方法是，无论用来回溯过去或是预测未来，定律都是确定性的。回想拉普拉斯的名言，"对于这个智能来说，不存在不确定性，并且未来只会像过去一样呈现在它的眼前"。那么，我们可以构造出一种"预测未来时是确定性的，但回溯过去却不是"的定律吗？换句话说，我们能给出不可逆（irreversible）定律吗？答案是肯定的，如图 1-9 所示。

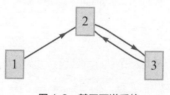

图 1-9　某不可逆系统

　　图 1-9 所示的定律确实告诉我们，无论系统处于什么状态，它的下一个状态将是什么样的。如果系统处于状态 1，那么它将变到 2；如果处于状态 2，那么将变为 3；如果处于状态 3，那么将变为 2。系统的未来清晰明了，但是它的过去就不同了。假设系统处于状态 2，在这之前它在哪儿？它可以从状态 3 或者 1 演变而来，而这张图无法给出一个

确定的结果。更糟的是，按照可逆性的要求，没有一个状态指向状态 1，即状态 1 没有过去。因此，图 1-9 所示的定律是不可逆的，它展示了一种与经典物理学原理完全不相容的情形。

注意，反转图 1-9 的箭头方向就会得到图 1-10，对应的定律无法告诉你系统未来的状态。

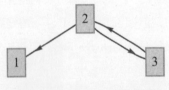

图 1-10　一个未来不确定的系统

有一个很简单的办法来判断一张图是否代表一个确定性可逆定律。如果图上每个状态都只有一个箭头指向它，也只有一个箭头指向其他状态，那么这张图代表一个确定性可逆定律。用一个口诀概括：**必须只有一个方向告诉你要去哪里，也只有一个方向告诉你来自何方。**

动力学定律必须是确定性的和可逆的，这条规则是经典物理学的核心，我们在授课的时候经常认为它理所当然而忘记提及。事实上，这个规则甚至没有名字。我们可以称它为"第一定律"，但遗憾的是已经有两个第一定律了——牛顿第一定律和热力学第一定律，甚至还有热力学第零定律。因此，我们必须后退到负一定律（minus-first law）来为信息守恒（conservation of information）这个所有物理定律的基础获得优先权。信息守恒就是那个简单的规则，规定只有一个箭头指向某个状态，也只有一个箭头离开这个状态指向另一个。这个规则确保你不会忘记来时的路。

信息守恒定律不是传统的守恒定律。我们先离题讨论一下含有无穷多状态的系统，然后再回到守恒定律。

无穷多状态动力学系统

到目前为止，我们给出的例子的状态空间都只有有限多个状态。我们有理由提出一个具有无穷多个状态的动力学系统。例如，想象在一条直线上有无穷多个离散点——就像一个在往返方向上有无穷多个车站的铁道。假设某种记号笔可以根据某种规则从一个点跳到另一个点。为了描述这个系统，我们可以像之前给离散的时间步标记一样，用整数给直线上这些点标记。因为我们已经用了符号 n 表示离散的时间步，这里我们用大写的 N 代表直线上的点。标志物的历史由函数 $N(n)$ 构成，告诉你在每个时间步 n 它所处直线 N 上的位置。图 1-11 展示了这个状态空间的一部分。

图 1-11　某无穷多状态系统的状态空间

　　如图 1-12 所示，这个系统的一个非常简单的动力学定律是：每隔一个时间步将标记物沿着正方向移动一个单位。

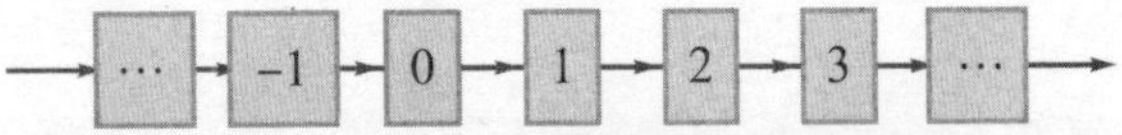

图 1-12　某无穷多状态系统的动力学规则

　　这个规则是合理的，因为每个状态对应一个指入的箭头和一个指出的箭头。我们可以方便地用一个方程式描述这个规则：

$$N(n+1) = N(n) + 1 \tag{1}$$

　　下面是其他一些可能的规则，但并不是全都合理。

$$N(n+1) = N(n) - 1 \tag{2}$$

$$N(n+1) = N(n) + 2 \tag{3}$$

$$N(n+1) = N(n)^2 \tag{4}$$

$$N(n+1) = -1^{N(n)} N(n) \qquad (5)$$

The Theoretical
Minimum

本讲经典力学练习

练习3： 判断一下，公式（2）～（5）描述的动力学定
律哪些是合理的。

在公式（1）中，无论你从哪里出发，最终都会向前或
向后到达另一个点。我们称它为单无限循环。然而对于公式
（3），如果你从 N 的奇数值出发，那么你永远不会到达偶数
值，反之亦然。因此我们称它为双无限循环。

如图 1-13 所示，我们还可以给系统增加性质不同的状
态来创造更多的循环。

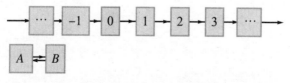

图 1-13　将一个无限状态空间分解为有限循环和无限循环

一方面，如果我们从一个数值出发，那么我们会沿着直线向正方向前进。另一方面，如果我们从状态 A 或 B 开始，那么我们就会在它们之间循环。因此，我们可以得到混合形态的状态空间，我们在一些状态空间中循环，或者在另一些状态空间中向无穷远移动。

循环和守恒定律

当状态空间被分解为多个循环时，系统会保持在它初始所处的循环中。每个循环有自身的动力学定律，但因为它们描述的是同一个动力学系统，所以它们都是同一个状态空间的组成部分。让我们来看一个具有三个循环的系统，如图1-14 所示，状态 1 和 2 自成循环，状态 3 和 4 共同构成一个循环。

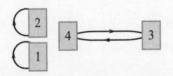

图 1-14　将状态空间分解为多个循环

当一个动力学定律将状态空间分解为多个循环时，都会有一个记忆用来储存系统的初始循环位置。这样的记忆被称作守恒定律（conservation law），它告诉我们有些东西一直保持不变。为了使守恒定律数量化，我们给每个循环赋予一个数值，并用 Q 表示。在图 1-15 所展示的例子中，三个状态分别赋值 $Q = +1$、$Q = -1$ 和 $Q = 0$。由于动力学定律不允许系统跳出任何循环，所以无论 Q 取值多少，它都将保持不变。简单地说就是，Q 是守恒的。

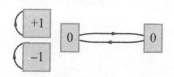

图 1-15　给每个循环赋予特定的守恒值

　　在后面的章节中，我们将会讨论连续运动问题，其中时间和状态空间都是连续的。之前我们讨论的简单离散系统都与更加真实的系统有相似之处，不过我们需要几个章节的铺垫来弄清楚它们有着什么样的联系。

精度极限

　　即使是在经典物理学范畴内，拉普拉斯或许也对这个世界的可预测性过于乐观了。当然他会认同预测未来需要完美地掌握控制世界的动力学定律以及极其强大的计算能力，也就是他所说的"智能也足够强大到对这些数据进行分析"，但是他可能还低估了另一个因素：**以近乎完美的精度获知初**

始状态的能力。想象一个有 100 万个面的骰子，每一面都标记了与常见的一位整数在外观上相似的记号，但这些记号之间有足够小的差别确保可以成为 100 万个可以区分的标记。如果知道动力学定律，也能够辨别初始标记，那么就可以预测这个骰子的未来。然而，如果拉普拉斯所说的智能有一点视力缺陷以至于它不能分辨相似的标记，那么它的预测能力就会受到限制。

在现实世界中，情况更糟。状态空间中不仅状态的数目庞大，而且状态是连续、无穷多的。换句话说，它是由像粒子坐标一样的一簇实数标记的。实数的密度如此之大，以至于每个实数都和无穷多附近的实数在数值上任意接近。实验中分辨这些相邻数值的能力被称作"解析力"，而现实中任何观测仪器都有解析力极限。原则上我们不可能以无限高的精度获知初始状态。多数情况下，初始条件（初始状态）微小的差别会对最终结果造成巨大差异，这种现象被称为混沌（chaos）[1]。如果一个系统是混沌的（实际上多数都是），那么就暗示了无论解析力如何高，系统的可预测性都会随时间增加而愈加受限。仅因为我们自身的解析力存在极限，完美的预测就是不可能达到的。

---

① 混沌是指确定性动力学系统因对初值敏感而表现出的不可预测的、类似随机性的运动。"蝴蝶效应"就是一种混沌现象。——译者注

第 1 讲插曲　**空间、三角学和矢量**

"乔治，我们在哪儿？"

乔治拿出一张地图，在列尼面前展开。"我们在这儿，列尼。坐标是北纬 36.60709 度，西经 –121.618652 度。"

"嗯？乔治，什么是坐标？"

坐标系

为了定量地描述"点"，我们需要建立坐标系。建立坐标系首先需要选择空间中的一个点作为原点（origin）。有时原点的选择是为了简化方程式。例如，如果原点选在太阳以外的地方，那么有关太阳系的理论就会显得更加复杂。严格地说，原点的位置是可以选取的，可以放在任何地方，但一旦选定就要保持不变。

　　下一步是选择互相垂直的三条坐标轴。同样地，只要它们是互相垂直的，它们的位置在某种程度上也可以任意选取。这三条坐标轴通常记作 x、y 和 z，但我们也可以称呼它们为 x_1、x_2 和 x_3。如图 1-16 所示，具有这种坐标轴的坐标系被称作笛卡儿坐标系（Cartesian coordinate system），也常被称为直角坐标系。

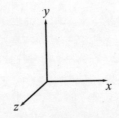

图 1-16　三维笛卡儿坐标系

　　如果我们想要描述空间中的某个点——P 点，那么这个点可以通过给定坐标 x、y、z 定位。换句话说，我们通过有序的三个数字 (x, y, z) 就可以确定 P 点（如图 1-17 所示）。

　　坐标 x 表示 P 点到由 $x=0$ 定义的平面的垂直距离（如图 1-18 所示）。同理，对于坐标 y 和 z 也一样。因为坐标表示距离，所以可以用长度单位（例如米）衡量。

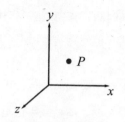

图 1-17　笛卡儿坐标系中的一个点 P

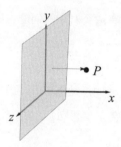

图 1-18　$x=0$ 定义的平面以及 P 点沿 x 轴方向到该平面的距离

　　当研究运动的时候，我们也需要追踪时间。同样地，我们也是从一个原点开始——时间原点。我们可以把宇宙大爆炸（Big Bang）[①] 的时刻选作时间原点，抑或某个实验开始的时刻。但是一旦我们选定了，就不能改变。

　　接下来，我们需要规定时间的方向。惯例规定指向原点

———————————

① 宇宙大爆炸，是描述宇宙起源与演化的宇宙学模型。——译者注

未来的方向作为正向时间，指向过去方向作为负向时间。我们也可以用其他形式，但不在这里讨论。

最后，我们需要确定时间的单位。物理学家习惯采用秒作为时间单位，但是小时、纳秒或年也是可以的。一旦我们选择了时间原点和单位，便可以用字母 t 标记任何时间。

在经典力学中，有两个对于时间隐含的假设。一个假设是时间均匀地流逝——1 秒钟的间隔在每时每刻都有相同的意义。例如，伽利略把某个物体从意大利比萨斜塔扔到地面花费的时间和我们重复同样动作花费的时间相同。对于过去和现在，1 秒钟的意义完全相同。

另一个假设是时间可以在不同地点进行比较，这意味着可以让不同地点的钟表同步。有了这两个假设，坐标 x、y、z、t 就可以定义某个参考系（reference frame）。参考系中的任何事件的每个坐标分量都必须有赋值。

给定方程 $f(t) = t^2$，我们可以在坐标系上画出它的点。我们用横轴表示时间 t，用纵轴表示函数值 $f(t)$（如图 1-19 所示）。

同样地，我们可以用曲线连接各个点，以填充点之间的空隙（如图 1-20 所示）。

用这种方式我们可以将方程可视化。

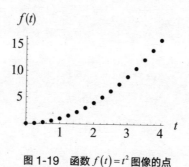

图 1-19　函数 $f(t)=t^2$ 图像的点

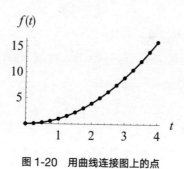

图 1-20　用曲线连接图上的点

本讲经典力学练习

> **练习 4**：用一个可以绘图的计算器或者类似 Mathematica[①]
> 的软件绘制下面函数的图像。如果你对三角函
> 数不熟悉，请先阅读下一节。

$$f(t) = t^4 + 3t^3 - 12t^2 + t - 6$$
$$g(x) = \sin x - \cos x$$
$$\theta(\alpha) = e^{\alpha} + \alpha \ln \alpha$$
$$x(t) = \sin^2 x - \cos x$$

三角函数

如果你没有学过三角函数，或者很久以前学过但现在有
些生疏，那么这一节正适合你。

在物理学中，我们经常使用三角函数。因此你需要熟悉
三角函数的概念、符号和方法。首先，在物理学中我们通
常使用弧度（radian）而不是度（degree）来度量角度。
我们定义 2π 弧度对应 $360°$，或者 1 弧度 $= \dfrac{\pi}{180°}$ 因此

---

① Mathematica 是美国 Wolfram 公司出品的科学计算软件。——译者注

$90° = \dfrac{\pi}{2}$ 弧度，$30° = \dfrac{\pi}{6}$ 弧度，即 1 弧度 $\approx 57°$（如图 1-21 所示）。

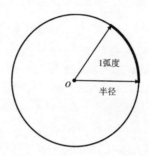

图 1-21　单位弧度等于长度与半径相等的弧长所对的角度

　　三角函数依照直角三角形的性质定义。图 1-22 列举了一个直角三角形以及它的斜边 c、底边 b 和垂边 a。垂边对应的角用希腊字母 θ 表示，底边对应的角用希腊字母 ϕ 表示。

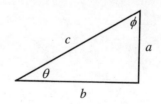

图 1-22　一个标记了边和角的直角三角形

　　依据如下所示各种边长比的关系，我们定义正弦函数（sin）、余弦函数（cos）和正切函数（tan）：

$$\sin \theta = \frac{a}{c}$$

$$\cos \theta = \frac{b}{c}$$

$$\tan \theta = \frac{a}{b} = \frac{\sin \theta}{\cos \theta}$$

我们可以绘制函数图象来观察它们的变化（如图 1-23
至 1-25 所示）。

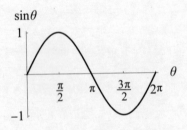

图 1-23　正弦函数图象

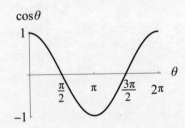

图 1-24　余弦函数图象

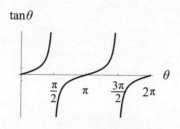

图 1-25　正切函数图象

我们需要知道三角函数的几个有用的性质。第一个是，我们可以在圆内部画三角形。如图 1-26 所示，圆心放在笛卡儿坐标系的原点处。

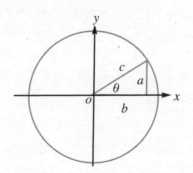

图 1-26　一个画在圆内的直角三角形

这里，连接圆心和圆周上任意一点的线段构成直角三角形的斜边，圆周上该点的水平和垂直分量分别为底边和垂边。这个点的位置可以由 x、y 两个坐标分量确定，其中：

$$x = c\cos\theta$$
$$y = c\sin\theta$$

这是直角三角形和圆之间非常有用的关系。

　　假设角 θ 是另外两个角的和或差，这两个角用希腊字母 α 和 β 表示。θ 可以用 $\alpha \pm \beta$ 表示。$\alpha \pm \beta$ 的三角函数可以使用 α 和 β 的三角函数表达为：

$$\sin(\alpha + \beta) = \sin\alpha\cos\beta + \cos\alpha\sin\beta$$
$$\sin(\alpha - \beta) = \sin\alpha\cos\beta - \cos\alpha\sin\beta$$
$$\cos(\alpha + \beta) = \cos\alpha\cos\beta - \sin\alpha\sin\beta$$
$$\cos(\alpha - \beta) = \cos\alpha\cos\beta + \sin\alpha\sin\beta$$

　　最后，一个非常重要的关系是：

$$\sin^2\theta + \cos^2\theta = 1 \tag{6}$$

（注意这里的符号的含义是：$\sin^2\theta = \sin\theta\sin\theta$。）这个公式是"乔装打扮"后的毕达哥拉斯定理[1]。如果令图 1-26 中的圆的半径等于 1，那么 a、b 边的边长就等于 θ 的正弦和余弦值，并且直角三角形斜边长度等于 1。公式 $\sin^2\theta + \cos^2\theta = 1$ 就是

---

[1] 毕达哥拉斯（约公元前 580 年—约公元前 500 年），古希腊哲学家，数学家。这里的毕达哥拉斯定理即中国的勾股定理。——译者注

我们熟知的直角三角形三条边之间的关系：$a^2 + b^2 = c^2$。

矢量

矢量（vector）符号是另一个我们假设你之前见过的数学概念。不过，为了让这一节课的内容解读得更顺利，我们来复习一下普通三维空间中的矢量符号。

矢量可以认为是空间中既有长度，长度可称为模（magnitude），也有方向的物理量。位移就是一种矢量。如果一个物体从某个初始地点移动，仅仅知道它移动了多远还不足以确定它的终止位置，还需要知道位移的方向。位移是矢量的最简单实例。如图 1-27 所示，直观上矢量可以用一个有长度和方向的箭头表示。

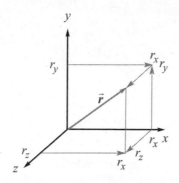

图 1-27　一个笛卡儿坐标系中的矢量 $\vec{r}$

书写上，矢量用带箭头的符号表示。因此位移可以表示为 $\vec{r}$。矢量的模（或长度）用绝对值符号表示。矢量 $\vec{r}$ 的长度表示为 $|\vec{r}|$。

我们可以对矢量进行运算。首先，你可以用矢量乘以实数。当你在使用矢量的时候你经常会遇到这样的实数，它们有一个特别的名字——标量（scalar）。用正数乘以矢量只相当于用这个数缩放矢量的长度。但是，你也可以用负数乘以矢量来反转矢量的方向。例如，矢量 $-2\vec{r}$ 在长度上是 $\vec{r}$ 的 2 倍，但它却指向相反的方向。

矢量可以相加。为了求 $\vec{A}$ 与 $\vec{B}$ 的和，把它们按照图 1-28 所示放在一起，构成一个平行四边形的两条临边（这种方法保留了它们的方向）。这两个矢量的和就是这两条临边所夹对角线的角度与方向构成的矢量。

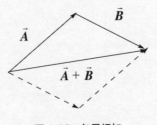

图 1-28　矢量相加

如果矢量可以相加，而且可以乘以负数，那么它们一定也可以相减。

The Theoretical
Minimum

本讲经典力学练习

练习 5： 给出矢量的减法规则。

矢量同样可以用分量形式表示。我们首先建立三条互相垂直的坐标轴 x、y、z。接下来我们定义沿着坐标轴方向且具有单位长度[①]的三条单位矢量（unit vector）。和坐标轴同向的单位矢量被称作基矢量（basis vector）。笛卡儿坐标轴中的基矢量习惯上记作 $\hat{i}$、$\hat{j}$ 和 $\hat{k}$（如图 1-29 所示）。一般情况下，当我们使用 (x_1, x_2, x_3) 表示坐标轴时，用 $\hat{e}_1$、$\hat{e}_2$ 和 $\hat{e}_3$ 表示基矢量，其中 ^（脱字符 caret）表示单位矢量（或基矢量）。基矢量很有用，因为任何矢量都可以用它们写成如下形式：

$$\vec{V} = V_x\,\hat{i} + V_y\,\hat{j} + V_z\,\hat{k} \qquad (7)$$

[①] 单位长度即长度等于 1。——译者注

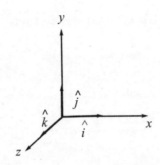

图 1-29　笛卡儿坐标系中的基矢量

V_x、V_y 和 V_z 是用来组合基矢量从而构成矢量 $\vec{V}$ 的数值系数，它们也叫作 $\vec{V}$ 的分量（components）。我们可以称公式（7）为基矢量的线性组合（linear combination）。这是一种优雅地描述基矢量与系数相组合的方法。矢量分量可正可负。我们还可以用列出各个分量的形式表示矢量——写成 $\left(V_x, V_y, V_z\right)$。矢量的大小可以使用其分量以三维毕达哥斯拉定理求得：

$$\left|\vec{V}\right| = \sqrt{V_x^2 + V_y^2 + V_z^2} \tag{8}$$

我们可以用标量 α 乘以矢量，以分量形式表示时就是用 α 乘以每个分量：

$$\alpha\vec{V} = \left(\alpha V_x, \ \alpha V_y, \ \alpha V_z\right)$$

我们可以把两个矢量的和写成对应分量的和的形式：

$$\left(\vec{A}+\vec{B}\right)_x = \left(A_x + B_x\right)\hat{i}$$

$$\left(\vec{A}+\vec{B}\right)_y = \left(A_y + B_y\right)\hat{j}$$

$$\left(\vec{A}+\vec{B}\right)_z = \left(A_z + B_z\right)\hat{k}$$

矢量可以相乘吗？可以，而且有多种方式。其中一种乘积形式——叉积，可以得到另一个矢量。我们暂时不讨论叉积，只讨论另一种乘积形式——点积（dot product）。两个矢量的点积得到一个数，即一个标量。假设有矢量 $\vec{A}$ 和 $\vec{B}$，他们的点积定义为：

$$\vec{A} \cdot \vec{B} = \left|\vec{A}\right|\left|\vec{B}\right|\cos\theta$$

这里 θ 是矢量之间的夹角。简而言之，点积是两个矢量的模以及夹角余弦值的乘积。

点积同样可以使用分量形式定义为：

$$\vec{A} \cdot \vec{B} = A_x B_x + A_y B_y + A_z B_z$$

当已知矢量分量的时候，这种方法可以方便地计算点积。

The Theoretical
Minimum

本讲经典力学练习

练习 6：证明矢量的模满足：$\left|\vec{A}\right|^2 = \vec{A} \cdot \vec{A}$

练习 7：令 $(A_x=2,\ A_y=-3,\ A_z=1)$，$(B_x=-4,\ B_y=-3,$
$B_z=2)$，计算 $\vec{A}$ 和 $\vec{B}$ 的模，它们的点积以及它
们的夹角。

　　点积的一个重要性质是，当两个矢量正交（orthogonal，
互相垂直）时点积等于 0。牢记这个性质，因为我们会利用
它证明矢量正交。

The Theoretical
Minimum

本讲经典力学练习

练习 8：判断下面哪对矢量是正交的。(1, 1, 1) (2, −1, 3)
(3, 1, 0) (−3, 0, 2)

练习 9：你能解释为什么两个正交的矢量点积等于 0 吗？

The Theoretical Minimum

第 2 讲

运动

lecture 2
Motion

The
Theoretical
Minimum

列尼抱怨道:"乔治,这种跳跃的频闪观测式的东西让我感觉紧张。真实的时间是这样跳跃的吗?我希望事物能演变得更平滑些。"

乔治沉思片刻,边擦黑板边说:"好吧,列尼,今天我们来学习平滑演变的系统。"

数学插曲: 微分学

《理论最小值: 经典力学》这本书里我们主要研究的是随时间变化的事物。经典力学主要处理随时间平滑演变的问题——平滑的数学术语叫作连续。不同于第 1 讲中的频闪观测式的变化, 更新系统状态的动力学定律涉及连续变化的时间。因此, 我们会对独立变量 t 的函数感兴趣。

为了处理数学上的连续变化, 我们要用到微分。微分涉及极限概念, 所以我们先来了解极限的概念。假设我们有一个数列 l_1, l_2, l_3……这组数列越来越接近某个值。例如, $0.9, 0.99, 0.999, 0.9999$……这组数列的极限是 1。数列中没有元素等于 1, 但是它们越来越接近那个值。为了表示这种关系, 我们可以这样写:

$$\lim_{i \to \infty} l_i = L$$

用语言描述上述公式，L 是当 i 趋近无穷大时 l_i 的极限。

我们可以把同样的概念应用到函数上。假设有一个函数 $f(t)$，我们想描述当 t 趋近某个值 a 的时候，$f(t)$ 会发生什么样的变化。如果当 t 趋近 a 的时候，$f(t)$ 会任意地接近 L，则称 L 是当 t 趋近 a 时 $f(t)$ 的极限。可以用公式表示为：

$$\lim_{t \to a} f(t) = L$$

令 $f(t)$ 是变量 t 的函数，$f(t)$ 随 t 变化。微分研究函数的变化率。我们的想法是从 $f(t)$ 处于某时刻的值开始，微小地改变时间，然后观察 $f(t)$ 变化了多少。定义变化率为 f 值的变化相对 t 的变化的比率。我们用大写希腊字母 Δ 表示值的变化。t 的变化记作 Δt（注意这里不是 $\Delta \times t$ 而是表示 t 值的变化）。经过 Δt 的变化区间，f 从 $f(t)$ 变化到了 $f(t + \Delta t)$。f 的变化表示为 Δf，它可以这样计算：

$$\Delta f = f(t + \Delta t) - f(t)$$

为了精确地定义在 t 时刻的变化率，必须让 Δt 趋近于 0。当然，这样做也会令 Δf 趋近于 0。但如果这时用 Δf 除以 Δt，这个比率就会趋近一个极限，这个极限被称作 $f(t)$ 对 t 的导数，可以写成：

$$\frac{\mathrm{d}f(t)}{\mathrm{d}t} = \lim_{\Delta t \to 0} \frac{\Delta f}{\Delta t} = \lim_{\Delta t \to 0} \frac{f(t+\Delta t) - f(t)}{\Delta t} \tag{1}$$

一个严谨的数学家也许不同意这种 $\dfrac{\mathrm{d}f(t)}{\mathrm{d}t}$ 表示两个微分比率的概念，但是用这种写法你几乎不会犯错。

我们来计算几个导数，从 t 的幂函数开始。特别地，我们用计算 $f(t) = t^2$ 的导数演示计算方法。我们首先应用公式计算 $f(t+\Delta t)$：

$$f(t+\Delta t) = (t+\Delta t)^2$$

我们可以通过直接相乘或者应用二项式定理计算 $(t+\Delta t)^2$，两种方法都会得到：

$$f(t+\Delta t) = t^2 + 2t\Delta t + \Delta t^2$$

用上面的公式减去 $f(t)$ 得到：

$$\begin{aligned}
f(t+\Delta t) - f(t) &= t^2 + 2t\Delta t + \Delta t^2 - t^2 \\
&= 2t\Delta t + \Delta t^2
\end{aligned}$$

用这个结果除以 Δt：

$$\frac{f(t+\Delta t)-f(t)}{\Delta t}=\frac{2t\Delta t+\Delta t^2}{\Delta t}$$
$$=2t+\Delta t$$

可以很容易地计算出，当 $\Delta t \to 0$ 时，这个式子的极限。第一项不依赖 Δt，所以保持不变，但是第二项趋近 0，因此可以消去。记住，当计算导数的时候，可以忽略上式中 Δt 和它的高阶项。因此：

$$\lim_{\Delta t \to 0}\frac{f(t+\Delta t)-f(t)}{\Delta t}=2t$$

所以 t^2 的导数是：

$$\frac{\mathrm{d}\left(t^2\right)}{\mathrm{d}t}=2t$$

接下来我们考虑一般的幂函数，$f(t)=t^n$。为了计算它的导数，我们需要计算 $f(t+\Delta t)=(t+\Delta t)^n$。这里要用到高中代数知识：这个式子的结果可以应用二项式定理得到。已知两个数 a 和 b，如果计算 $(a+b)^n$，那么应用二项式定理可以得到：

$$(a+b)^n=a^n+na^{n-1}b+\frac{n(n-1)}{2}a^{n-2}b^2+$$
$$\frac{n(n-1)(n-2)}{3}a^{n-3}b^3+$$
$$\cdots+b^n$$

这个展开式有多少项？如果 n 是整数，那么这个展开式就有 $n+1$ 项。但是，二项式定理具有一般性，实际上 n 可以是任意实数或者复数。如果 n 不是整数，那么这个展开式有无穷多项，它是一个无穷级数。令人高兴的是，这里的计算只用到前两项。

为了计算 $(t+\Delta t)^n$，我们用 $a=t$ 和 $b=\Delta t$ 对上式进行替换：

$$f(t+\Delta t) = (t+\Delta t)^n$$
$$= t^n + nt^{n-1}\Delta t + \cdots$$

求极限时，上式中省略号代表的项趋近于 0，因此可以省略。

用 $f(t+\Delta t)$ 减去 $f(t)$（或者 t^n），

$$\Delta f = f(t+\Delta t) - f(t)$$
$$= t^n + nt^{n-1}\Delta t +$$
$$\frac{n(n-1)}{2}t^{n-2}\Delta t^2 + \cdots - t^n$$
$$= nt^{n-1}\Delta t + \frac{n(n-1)}{2}t^{n-2}\Delta t^2 + \cdots$$

用 Δf 除以 Δt 得到：

$$\frac{\Delta f}{\Delta t} = nt^{n-1} + \frac{n(n-1)}{2}t^{n-2}\Delta t + \cdots$$

令 $\Delta t \to 0$ 可以得到导数：

$$\frac{d(t^n)}{dt} = nt^{n-1}$$

重点是无论 n 是否为整数，这个公式都成立，n 可以是任意实数或者复数。

有一些导数的特例：如果 $n = 0$，那么 $f(t)$ 恒等于 1。对于保持不变的常函数，它的导数恒等于 0。如果 $n = 1$，那么 $f(t) = t$，它的导数等于 1——某个变量对其自身求导数时，总会得到这个结果。下面是一些幂函数的导数：

$$\frac{d(t^2)}{dt} = 2t$$

$$\frac{d(t^3)}{dt} = 3t^2$$

$$\frac{d(t^4)}{dt} = 4t^3$$

$$\frac{d(t^n)}{dt} = nt^{n-1}$$

为了后面内容的方便，这里给出其他一些函数的导数：

$$\frac{\mathrm{d}\left(\sin t\right)}{\mathrm{d}t} = \cos t$$

$$\frac{\mathrm{d}\left(\cos t\right)}{\mathrm{d}t} = -\sin t$$

$$\frac{\mathrm{d}\left(e^{t}\right)}{\mathrm{d}t} = e^{t}$$ 　　(2)

$$\frac{\mathrm{d}\left(\log t\right)}{\mathrm{d}t} = \frac{1}{t}$$

关于上面公式（2）的第三个式子 $\frac{\mathrm{d}\left(e^{t}\right)}{\mathrm{d}t} = e^{t}$ 有一点说明：当 t 是整数的时候函数 e^{t} 的意义显而易见，例如 $e^{3}=e\times e\times e$；但是当 t 不是整数的时候，它的意义就不明显了。可以说，函数 e^{t} 是利用它的导数等于自身这个性质定义的。因此，第三个式子实际上是一个定义。

应该记住关于导数的几条有用的规则，如果你想做一些挑战性的练习的话，还可以证明它们。第一条是，常数的导数等于 0。这说得通，因为导数是某个函数的变化率，常数（通常用 c 表示）保持不变，因此：

$$\frac{\mathrm{d}c}{\mathrm{d}t} = 0$$

常数与函数乘积的导数，等于常数乘以函数的导数：

$$\frac{\mathrm{d}\left(cf\right)}{\mathrm{d}t}=c\frac{\mathrm{d}f}{\mathrm{d}t}$$

假设我们有两个函数 $f(t)$ 和 $g(t)$，它们的和也是函数，并且它的导数由下面的方程式推导出：

$$\frac{\mathrm{d}\left(f+g\right)}{\mathrm{d}t}=\frac{\mathrm{d}\left(f\right)}{\mathrm{d}t}+\frac{\mathrm{d}\left(g\right)}{\mathrm{d}t}$$

这条规则可以被称为加法法则（sum rule）。

两个函数的乘积是另一个函数，它的导数是：

$$\frac{\mathrm{d}\left(fg\right)}{\mathrm{d}t}=f\left(t\right)\frac{\mathrm{d}\left(g\right)}{\mathrm{d}t}+g\left(t\right)\frac{\mathrm{d}\left(f\right)}{\mathrm{d}t}$$

不出意外地，这条法则被称为乘法法则（product rule）。

接下来，假设 $g(t)$ 是 t 的函数并且 $f(g)$ 是 g 的函数，这就使得 f 成为 t 的隐函数（implicit function）。如果你想计算当 t 等于某个值时 f 的取值，那么你首先要计算 $g(t)$，知道了 g 再计算 $f(g)$。可以很容易地计算 f 对 t 的导数：

$$\frac{\mathrm{d}f}{\mathrm{d}t}=\frac{\mathrm{d}f}{\mathrm{d}g}\frac{\mathrm{d}g}{\mathrm{d}t}$$

这被称作链式法则（chain rule）。如果导数真的是比率的话

这个式子显然成立。因为如果这样，上式中分子和分母的
dg 可以消去。事实上，直觉的想法就是这个例子的正确答
案。使用链式法则的时候有很重要的一点需要记住，那就是
你引入了中间函数 $g(t)$ 并用 $f(g)$ 化简了 $f(t)$。例如：

$$f(t) = \ln t^3$$

如果我们需要求 $\dfrac{df}{dt}$，那么对数函数中的 t^3 就会造成麻烦。
因此引入中间函数 $g = t^3$ 从而得到 $f(g) = \ln g$，然后应用链
式法则求解：

$$\frac{df}{dt} = \frac{df}{dg}\frac{dg}{dt}$$

用前面给出的常用函数导数公式可得 $\dfrac{df}{dg} = \dfrac{1}{g}$ 以及 $\dfrac{dg}{dt} = 3t^2$，
因此：

$$\frac{df}{dt} = \frac{3t^2}{g}$$

用 $g = t^3$ 代换上式中的 g 得到：

$$\frac{df}{dt} = \frac{3t^2}{t^3} = \frac{3}{t}$$

这就是链式法则的使用方法。

你可以应用上面的几个规则计算很多函数的导数，而且它们基本上是微分全部的规则。

本讲经典力学练习

练习 1： 计算下面各个函数的导数。

$$f(t) = t^4 + 3t^3 - 12t^2 + t - 6$$
$$g(x) = \sin x - \cos x$$
$$\theta(\alpha) = e^\alpha + \alpha \ln \alpha$$
$$x(t) = \sin^2 x - \cos x$$

练习 2： 导数的导数称为二阶导数，并记作 $\dfrac{\mathrm{d}^2 f(t)}{\mathrm{d}t^2}$。计算上个练习中各个函数的二阶导数。

练习 3： 应用链式法则求解下面各个函数的导数。

$$g(t) = \sin(t^2) - \cos(t^2)$$
$$\theta(\alpha) = e^{3\alpha} + 3\alpha \ln(3\alpha)$$
$$x(t) = \sin^2(t^2) - \cos(t^2)$$

练习 4： 证明加法法则（很容易）、乘法法则（知道技巧的话很容易）以及链式法则（很容易）。

练习 5：证明公式（2）的各个等式。提示：在参考书中
查找三角恒等式和三角函数极限的性质。

质点运动

质点运动的概念是一个理想化概念。没有物体可以小到
成为一个点——电子也不能。但是，很多情况下我们可以忽
略物体的体积并视其为点。例如，地球显然不是一个点，但
当计算它围绕太阳运动的轨道时，即便忽略地球的体积仍能
获得很高的精度。

给定空间坐标可以确定质点的位置，并且质点的运动可
以通过其位置随着时间变化定义。数学上，我们可以把空间
坐标分量定义为时间 t 的函数：$x(t)$，$y(t)$ 和 $z(t)$。

质点的位置同样可以被看作在 t 时刻分量为 x、y 和 z 的
矢量。质点走过的路线——它的轨迹（trajectory）用 $\vec{r}(t)$
表示。经典力学的任务是利用动力学定理研究质点从某初始
状态开始运动，相应的 $\vec{r}(t)$ 的变化规律。除了质点的位置，

另一个重要的量是它的速度。速度是一个矢量。定义速度需要微分学知识，我们可以按照如下情形进行。

考虑质点在 t 时刻和稍后 $t+\Delta t$ 时刻的位移。在这个时间区间内质点从 $x(t)$，$y(t)$，$z(t)$ 移动到了 $x(t+\Delta t)$，$y(t+\Delta t)$，$z(t+\Delta t)$。或者用矢量表示，从 $\vec{r}(t)$ 移动到了 $\vec{r}(t+\Delta t)$。位移定义为：

$$\Delta x = x(t+\Delta t) - x(t)$$
$$\Delta y = y(t+\Delta t) - y(t)$$
$$\Delta z = z(t+\Delta t) - z(t)$$

或

$$\Delta \vec{r} = \vec{r}(t+\Delta t) - \vec{r}(t)$$

位移是质点在微小时间段 Δt 内移动的微小距离。为了计算速度，我们用位移除以 Δt，并计算当 Δt 趋近于 0 时两者商的极限。例如：

$$v_x = \lim_{\Delta t \to 0} \frac{\Delta x}{\Delta t}$$

当然，这个式子就是 x 对 t 的导数的定义：

$$v_x = \frac{\mathrm{d}x}{\mathrm{d}t} = \dot{x}$$

$$v_y = \frac{\mathrm{d}y}{\mathrm{d}t} = \dot{y}$$

$$v_z = \frac{\mathrm{d}z}{\mathrm{d}t} = \dot{z}$$

在某个量上面加一个点是表示这个量对时间的导数的常用简写形式。这种写法不仅可以用于表示质点位置对于时间的导数，还可以表示任何物理量对时间的导数。例如，如果 T 表示浴盆里的热水的温度，那么 $\dot{T}$ 就代表水温随时间的变化率。本书中会经常使用这个写法，所以请记住它。

反复书写 x, y, z 很烦琐，因此我们通常用简化的符号。坐标的三个分量集中用 x_i 表示，速度分量用 v_i 表示：

$$v_i = \frac{\mathrm{d}x_i}{\mathrm{d}t} = \dot{x}_i$$

其中 i 代表了 x, y, z，或者用矢量表示为：

$$\vec{v} = \frac{\mathrm{d}\vec{r}}{\mathrm{d}t} = \dot{\vec{r}}$$

速度矢量的模等于 $|\vec{v}|$：

$$\left|\vec{v}\right|^2 = v_x^{\,2} + v_y^{\,2} + v_z^{\,2}$$

它表示了质点移动得有多快，但不能表示移动方向。模 $\left|\vec{v}\right|$ 被称作速率（speed）。

加速度是表示速度如何变化的物理量。如果物体以常速度矢量（后称常矢量）运动，那么它没有加速度。常矢量不仅暗示速率恒定，也暗示了方向恒定。无论速度的模还是方向改变，你都会感受到加速度。实际上，加速度是速度对时间的导数：

$$a_i = \frac{\mathrm{d}v_i}{\mathrm{d}t} = \dot{v}_i$$

或用矢量表示为：

$$\vec{a} = \dot{\vec{v}}$$

因为 v_i 是 x_i 对时间的导数，a_i 是 v_i 对时间的导数，所以加速度是 x_i 对时间的二阶导数：

$$a_i = \frac{\mathrm{d}^2 x_i}{\mathrm{d}t^2} = \ddot{x}_i$$

其中两个点代表对时间的二阶导数。

运动的实例

假设一个质点从 $t = 0$ 时刻开始按照下面方程式运动：

$$x(t) = 0$$
$$y(t) = 0$$
$$z(t) = z(0) + v(0)t - \frac{1}{2}gt^2$$

显然质点在 x 或 y 方向没有运动，只沿着 z 轴运动。常数 $z(0)$ 和 $v(0)$ 表示了它在 $t = 0$ 时刻沿着 z 轴的初始位置和速度。这里 g 也可看作是常数。

我们下面通过求对时间的导数计算速度。

$$v_x(t) = 0$$
$$v_y(t) = 0$$
$$v_z(t) = v(0) - gt$$

分量 x 和 y 的速度恒等于 0。分量 z 的速度在开始的 $t = 0$ 时刻等于 $v(0)$。换句话说，$v(0)$ 是速度的初始条件。

随着时间的推移，$-gt$ 项不再等于 0。最终这项的数值会超过初始速度，并且质点会沿着 z 轴的负方向运动。

下面我们通过再次求导数来计算加速度：

$$a_x(t) = 0$$
$$a_y(t) = 0$$
$$a_z(t) = -g$$

质点沿着 z 轴方向的加速度是一个负常数。如果 z 轴用来表示高度，那么该质点会像自由落体一样加速垂直下落。

接下来，我们考虑一个沿着 x 轴来回振荡的质点。因为另外两个方向上没有运动，所以我们忽略它们。一个简单的振荡运动可以用三角函数表示为：

$$x(t) = \sin \omega t$$

其中小写希腊字母 ω 是一个常数。ω 越大，振荡越剧烈。这种运动被称为简谐运动（如图 2-1 所示）。

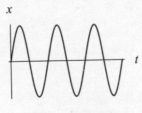

图 2-1　简谐运动

我们来计算速度和加速度。为了达到目的，我们需要计算 $x(t)$ 对于时间的微分。下面是对时间求导数的结果：

$$v_x = \frac{\mathrm{d}}{\mathrm{d}t} \sin \omega t$$

这里是一个乘积的正弦函数，我们可以用 $b = \omega t$ 代换这个乘积：

$$v_x = \frac{\mathrm{d}}{\mathrm{d}t} \sin b$$

应用链式法则，有：

$$v_x = \frac{\mathrm{d}}{\mathrm{d}b} \sin b \frac{\mathrm{d}b}{\mathrm{d}t}$$

或

$$v_x = \cos b \frac{\mathrm{d}}{\mathrm{d}t} (\omega t)$$

或

$$v_x = \omega \cos \omega t$$

用相似的方法我们可以得到加速度：

$$a_x = -\omega^2 \sin \omega t$$

这里有一些有趣的事实。无论当 x 在最大值还是最小值处，速度都等于 0。相反地，在 $x=0$ 处速度取最大或最小值。我们称该位置和速度[①] 有 90° 相位差。这一点可以在代表 $x(t)$ 的图 2-2 和代表 $v(t)$ 的图 2-3 中发现。

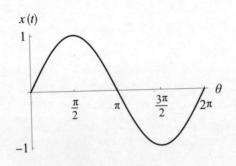

图 2-2　位置

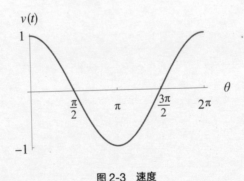

图 2-3　速度

同样地，位置和加速度也相关，它们都与 $\sin\omega t$ 成比例。但是注意加速度包含负号，负号意味着当 x 是正（负）时，加速度是负（正）。换句话说，无论质点在哪里，它的加速度都指向原点。用术语来说，位置与加速度有 180° 相位差。

The Theoretical
Minimum

本讲经典力学练习

练习 6： 做简谐运动的质点完成一个运动周期需要多少
时间？

接下来，我们考虑一个围绕原点做匀速圆周运动的质点。这个质点以恒定的速率按照圆形运动。为了描述这个运动，可以忽略 z 轴，只考虑在 x、y 平面上的运动。为了描述这个运动需要两个函数 $x(t)$ 和 $y(t)$。具体地说，我们令该质点做逆时针运动，并令轨道半径等于 R。

把这个运动投影到两个坐标轴上会对分析问题有帮助。当这个质点绕原点运动，坐标值 x 在 $x=-R$ 和 $x=R$ 之间振荡，对于坐标值 y 同理。但是两个坐标值有 90° 的相位差，

也就是当 x 取最大值时，y 等于 0，反之亦然。

最一般的（逆时针）绕原点做匀速圆周运动时，可以用下面的数学表达式描述：

$$x(t) = R\cos\omega t$$
$$y(t) = R\sin\omega t$$

这里参数 ω 被称作角频率（angular frequency）。它定义为单位时间内角度改变对应的弧度值。它同样与完成完整圆周运动所需时长有关，这个时长定义为运动周期——与我们在上页本章练习 6 得到的一样：

$$T = \frac{2\pi}{\omega}$$

现在可以容易地通过微分计算速度和加速度的分量：

$$v_x = -R\omega\sin\omega t$$
$$v_y = R\omega\cos\omega t$$
$$a_x = -R\omega^2\cos\omega t \qquad (3)$$
$$a_y = -R\omega^2\sin\omega t$$

这组公式展示了圆周运动一个很有趣的性质，牛顿曾用这个性质分析月球的运动规律：**圆周运动的加速度矢量与位置矢量平行，但是方向相反。换句话说，加速度矢量沿径向指向原点。**

The Theoretical
Minimum

本讲经典力学练习

练习 7： 证明位置矢量与速度矢量正交。

练习 8： 计算下面各个位置矢量的速度、速率和加速度。
如果你有绘图软件，用它画出下面的各个位置
矢量、速度矢量和加速度矢量。

$$\vec{r} = \left(\cos \omega t, \ e^{\omega t} \right)$$
$$\vec{r} = \left(\cos \left[\omega t - \phi \right], \ \sin \left[\omega t - \phi \right] \right)$$
$$\vec{r} = \left(c \cos^3 t, \ c \sin^3 t \right)$$
$$\vec{r} = \left(c \left[t - \sin t \right], \ c \left[1 - \cos t \right] \right)$$

The
Theoretical
Minimum

第 2 讲插曲　积分

"乔治，我喜欢反过来做事。那么，我们能反着做微分吗？"

"当然了，列尼。那叫作积分。"

积分是什么

微分与变化率有关，积分则与很多微小增量的和有关。这种关系看上去不显而易见，但是确实存在。

我们从一个函数 $f(t)$ 的图像（如图 2-4 所示）开始讲起。

积分的核心问题是计算 $f(t)$ 定义的曲线与坐标轴围成的面积。为了让定义更精确，我们来看两个变量值 $t=a$ 和 $t=b$

之间的函数，这两个值被称作积分限（limit of integration）。我们要计算的是图 2-5 上的阴影区域的面积。

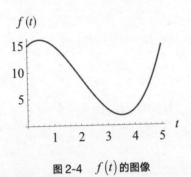

图 2-4　$f(t)$ 的图像

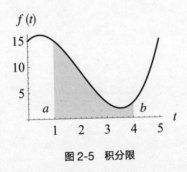

图 2-5　积分限

为了计算该区域的面积，我们把阴影区域分割成非常小的矩形，然后再来求它们各自的面积之和（如图 2-6 所示）。

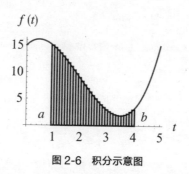

图 2-6　积分示意图

　　当然这是一个近似，不过当我们令矩形的宽度趋近于 0
时，这个近似也趋近精确。为了完成这个过程，我们首先把
$t=a$ 和 $t=b$ 之间的区间分成 N 个子区间，每个子区间的宽度
等于 Δt。当一个矩形在 t 点处时，它的宽度是 Δt、高度等
于 $f(t)$ 在那一点的值。这个矩形的面积 δA 等于：

$$\delta A = f(t)\Delta t$$

　　下面我们把所有独立的矩形面积加起来计算所求总面积
的近似值。这个近似值等于：

$$A = \sum_i f(t_i)\Delta t$$

其中大写希腊字母 $\sum$ 表示对由 i 定义的连续值的求和。例
如，当 $N=3$，有：

$$A = \sum_{i}^{3} f\left(t_i\right) \Delta t$$
$$= f\left(t_1\right)\Delta t + f\left(t_2\right)\Delta t + f\left(t_3\right)\Delta t$$

这里 t_i 表示沿着 t 轴第 i 个矩形的位置。

　　为了得到精确的答案，我们令 Δt 趋近于 0，也就是矩形的数目趋近于无穷大，来计算近似面积的极限。这个过程定义了 $f(t)$ 在 $t=a$ 和 $t=b$ 之间的定积分（definite integral）。我们把它写成：

$$A = \int_{a}^{b} f\left(t\right)\,\mathrm{d}t = \lim_{\Delta t \to 0}\sum_{i} f\left(t_i\right)\Delta t$$

符号 $\int$ 被称作积分号（summa），它取代了求和号，就像在微分里 $\mathrm{d}t$ 取代了 Δt。函数 $f(t)$ 被称作被积函数（integrand）。

　　我们换一个记号，用 T 表示其中一个积分限。特别地，用 T 代替 b 从而得到积分：

$$\int_{a}^{T} f\left(t\right)\mathrm{d}t$$

其中，我们把 T 看作一个变量，而不是 t 的确定值。这个例子中的积分定义了一个 T 的函数，T 可以取 t 的任意值。因为当 T 取一个定值的时候积分也是一个定值，所以这个积

分是 T 的函数。

$$F(T) = \int_a^T f(t)\,\mathrm{d}t$$

因此可以用 $f(t)$ 定义另一个函数 $F(T)$。我们也可以令 a 变化，这里就不赘述了。函数 $F(T)$ 被称作 $f(t)$ 的不定积分（indefinite integral）。因为这个积分是从 a 到一个变量的积分，而不是从一个定值到另一个定值的积分，所以它是不定的。通常，我们把这种积分写成不带积分限的形式：

$$F(t) = \int f(t)\,\mathrm{d}t \tag{4}$$

微积分基本定理（The fundamental theorem of calculus）是数学中最简单而优美的定理之一，揭示了积分和微分之间深刻的关系。该定理讲的是，如果 $F(T) = \int f(t)\,\mathrm{d}t$，那么有：

$$f(t) = \frac{\mathrm{d}F(t)}{\mathrm{d}t}$$

为了证明它，我们给 T 增加一个微小增量，令其从 T 变到 $T + \Delta t$。因此，我们得到一个新的积分：

$$F(T + \Delta t) = \int_a^{T + \Delta t} f(t)\,\mathrm{d}t$$

也就是说，在图 2-6 所示的阴影区域基础上，我们在 $t=T$ 处增加了一个宽度为 Δt 的矩形。实际上，$F(T+\Delta t)-F(T)$ 刚好是增加的矩形面积，即 $f(T)\Delta t$。所以有：

$$F(T+\Delta t)-F(T)=f(T)\Delta t$$

用这个式子除以 Δt 得到：

$$\frac{F(T+\Delta t)-F(T)}{\Delta t}=f(T)$$

当计算令 Δt 趋近于 0 的极限时，我们可以得到与 F 和 f 关联的基本定理：

$$\frac{\mathrm{d}F}{\mathrm{d}T}=\lim_{\Delta t\to 0}\frac{F(T+\Delta t)-F(T)}{\Delta t}=f(T)$$

我们可以忽略 t 与 T 的差别，把这个式子简写成：

$$\frac{\mathrm{d}F}{\mathrm{d}t}=f(t)$$

也就是说，积分和微分是逆运算：**某个函数的积分的微分是原始被积函数。**

已知 $F(t)$ 的导数是 $f(t)$，我们可以完全确定 $F(t)$ 吗？

几乎可以，只差一点儿。问题在于给 $F(t)$ 加上一个常数不会改变它的导数。因此，已知 $f(t)$ 的条件下它的不定积分是不明确的，但差别只在一个常数。

我们求解几个不定积分来看看微积分基本定理是如何使用的。我们来求解幂函数 $f(t) = t^n$ 的不定积分。考虑到：

$$F(t) = \int f(t) \mathrm{d}t$$

于是有：

$$f(t) = \frac{\mathrm{d}F(t)}{\mathrm{d}t}$$

或

$$t^n = \frac{\mathrm{d}F(t)}{\mathrm{d}t}$$

我们需要做的是找到导数等于 t^n 的函数 F，这很容易。

在上一讲里，我们知道对任意 m 有：

$$\frac{\mathrm{d}(t^m)}{\mathrm{d}t} = mt^{m-1}$$

如果我们用 $m=n+1$ 进行替换，上式便变成：

$$\frac{\mathrm{d}\left(t^{n+1}\right)}{\mathrm{d}t} = (n+1)t^n$$

两侧同时除以 $n+1$ 得到：

$$\frac{\mathrm{d}\left(t^{n+1}/n+1\right)}{\mathrm{d}t} = t^n$$

因此，我们发现 t^n 是 $\frac{t^{n+1}}{n+1}$ 的导数。代入相关变量可以得到：

$$F\left(t\right) = \int t^n \mathrm{d}t = \frac{t^{n+1}}{n+1}$$

还缺少一个需要加到 F 上的任意常数。这个不定积分的结果应该写成：

$$\int t^n \mathrm{d}t = \frac{t^{n+1}}{n+1} + c$$

其中 c 是一个常数，它需要通过其他方法确定。

这个待定的常数与另一个任意选取的我们记为 a 的积分终点密切相关。我们利用下面的式子看看 a 如何确定那个待定常数。

$$\int_a^T f(t)\,dt$$

我们令两个积分限相等，即 $T=a$。这个情况下，积分等于 0。你可以用这个事实确定 c。

一般而言，微积分基本定理可以写成：

$$\int_a^b f(t)\,dt = F(t)\Big|_a^b = F(b) - F(a) \tag{5}$$

另一种用一个等式表达积分基本定理的途径是：

$$\int \frac{df}{dt}\,dt = f(t) + c \tag{6}$$

换句话说，对导数积分得到它的原函数（取决于待定常数）。

下面给出一些积分公式：

$$\int c\,dt = ct$$
$$\int cf(t)\,dt = c\int f(t)\,dt$$
$$\int t\,dt = \frac{t^2}{2} + c$$

$$\int t^2 \mathrm{d}t = \frac{t^3}{3} + c$$

$$\int t^n \mathrm{d}t = \frac{t^{n+1}}{n+1} + c$$

$$\int \sin t \mathrm{d}t = -\cos t + c$$

$$\int \cos t \mathrm{d}t = \sin t + c$$

$$\int e^t \mathrm{d}t = e^t$$

$$\int \frac{\mathrm{d}t}{t} = \ln t + c$$

$$\int \left[f(t) \pm g(t) \right] \mathrm{d}t = \int f(t) \mathrm{d}t \pm \int g(t) \mathrm{d}t$$

The Theoretical
Minimum

本讲经典力学练习

练习 9：通过逆转微分的过程并增加待定常数，求解下面各个表达式的不定积分：

$$f(t) = t^4$$
$$f(t) = \cos t$$
$$f(t) = t^2 - 2$$

练习 10：利用微积分基本定理计算练习1中各个表达式的定积分，其中积分上下限都设为 $t = 0$ 和 $t = T$ 。

练习 11： 假设练习 1 中的表达式表示某个质点的加速
度。用这些表达式对时间变量积分一次计算
速度，然后再积分一次计算运动轨迹。因为
我们将用 t 表示积分上限，所以这个练习里我
们采用辅助积分变量 t'，积分限为从 $t'=0$ 到
$t'=t$。即，积分表达式是：

$$v(t)=\int_0^t t'^4\,\mathrm{d}t'$$

$$v(t)=\int_0^t \cos t'\mathrm{d}t'$$

$$v(t)=\int_0^t \left(t'^2-2\right)\mathrm{d}t'$$

分部积分

求解积分问题有一些技巧，其中一种是查积分表，另一
种是学习使用 Mathematica。但是如果你都不想用，而且不
能自己识别出原函数，那么可以用最经典的技巧——分部积
分（integration by part）。这个技巧是微分乘法法则的逆向
应用。回想第 2 讲中讲到的对一个由两个函数相乘得到的函
数进行微分，应当使用乘法法则：

$$\frac{\mathrm{d}\left[f(x)g(x)\right]}{\mathrm{d}x}=f(x)\frac{\mathrm{d}g(x)}{\mathrm{d}x}+g(x)\frac{\mathrm{d}f(x)}{\mathrm{d}x}$$

下面我们对上式等号两边从 a 到 b 进行的积分：

$$\int_a^b \frac{\mathrm{d}\big[f(x)g(x)\big]}{\mathrm{d}x} = \int_a^b f(x)\frac{\mathrm{d}g(x)}{\mathrm{d}x} + \int_a^b g(x)\frac{\mathrm{d}f(x)}{\mathrm{d}x}$$

等号左边的积分很容易求得。某个导数的积分（f 与 g 的导数）等于函数自身。等号左边等于：

$$f(b)g(b) - f(a)g(a)$$

也常写成：

$$f(x)g(x)\Big|_a^b$$

接下来把等号右边的一项移到等号左边：

$$f(x)g(x)\Big|_a^b - \int_a^b f(x)\frac{\mathrm{d}g(x)}{\mathrm{d}x} = \int_a^b g(x)\frac{\mathrm{d}f(x)}{\mathrm{d}x} \tag{7}$$

虽然有时我们不能识别出积分中的原函数，但是可以发现被积函数刚好是一个函数 $f(x)$ 和另一个函数 $g(x)$ 的导数的乘积。也就是说，虽然我们不知道怎么解，但是经过检查发现积分可以写成公式等号右边的形式，然后就可能会幸运地识别出等号左边的积分原函数。

我们来举一个例子。假设我们要求解下面的积分:

$$\int_0^{\frac{\pi}{2}} x \cos x \mathrm{d}x$$

在积分表中无法查到它的原函数,但是我们发现:

$$\cos x = \frac{\mathrm{d}\sin x}{\mathrm{d}x}$$

因此积分可以写成:

$$\int_0^{\frac{\pi}{2}} x \frac{\mathrm{d}\sin x}{\mathrm{d}x} \mathrm{d}x$$

应用公式(7),原积分等价于:

$$x\sin x \Big|_0^{\frac{\pi}{2}} - \int_0^{\frac{\pi}{2}} \frac{\mathrm{d}x}{\mathrm{d}x} \sin x \mathrm{d}x$$

或

$$\frac{\pi}{2} \sin \frac{\pi}{2} - \int_0^{\frac{\pi}{2}} \sin x \mathrm{d}x$$

到这里积分就很容易求解了。我们之前给出了 $\int \sin x \mathrm{d}x$ 的结果——$\cos x$。剩下的交给你完成。

本讲经典力学练习

练习 12：完成求解 $\int_0^{\frac{\pi}{2}} x\cos x\,\mathrm{d}x$。

你可能会问这个技巧管用吗？答案是：它通常管用，但不总是管用的。祝你好运。

The Theoretical Minimum

第 3 讲

动力学

lecture 3
Dynamics

列尼: "乔治, 是什么让物体移动的? "

乔治: "是力。"

列尼: "是什么让物体停下来的呢? "

乔治: "是力。"

亚里士多德运动定律

亚里士多德生活在一个被摩擦力"统治"的时代。那时若想让物体移动——如一辆木轮手推车,那么你需要施加推力。你越用力推,它前进得越快。但是如果你停止推它,它很快就会停下。亚里士多德得出了一些错误的结论,因为那时他不理解摩擦力也是一种力。我们仍然有必要用今天的语言解释他的想法。如果亚里士多德懂点儿微积分,那么他大概会提出这样的运动定律:

任何物体的速度与受到的合力成正比。

假设亚里士多德知道如何写出矢量方程,那么他提出的定律应该会像下面的形式:

$$\vec{F} = m\vec{v}$$

其中 $\vec{F}$ 是受到的力，响应（按照亚里士多德的说法）是速度矢量 $\vec{v}$。联系两个矢量的参数 m 是描述被移动的物体受到的阻力的某种特征量。给定一个力，物体的 m 越大，它的移动速度就越小。亚里士多德可能没有经过仔细思考就认定 m 是物体的质量。这是显而易见的，重的物体比轻的物体更难移动，也许也是因为这个原因，质量出现在了他的方程里。

有人怀疑亚里士多德从来没有滑过冰，否则他不会不知道让一个物体停下来和让它动起来一样难。亚里士多德的理论明显是错误的，但是他的理论仍然有价值——作为一个例子来研究运动方程如何确定系统的未来。从现在起，我们称物体为质点。

考虑有一个在给定力的作用下沿 x 轴做一维运动的质点。这里所说的给定力是指在任何时间我们都知道力的值。我们把这个力记作 $F(t)$（注意，在一维问题中使用矢量符号稍显累赘）。利用速度是位置 x 相对时间的导数这一事实，我们发现亚里士多德的方程可以写成：

$$\frac{\mathrm{d}x(t)}{\mathrm{d}t} = \frac{F(t)}{m}$$

在解这个方程之前，我们将它和第 1 讲中提到的定律进行比较。很明显的区别是，亚里士多德的方程不是频闪观测式的，因为 t 或 x 都不是离散的。它们不是频闪观测式地阶跃变化，而是连续地变化。但是，如果把时间分割成长度为 Δt 的区间，并用 $\dfrac{\Delta x}{\Delta t}$ 代替导数，我们就可以发现它们之间的相似点。如果这样做，会得到：

$$x(t + \Delta t) = x(t) + \Delta t \frac{F(t)}{m}$$

也就是说，无论 t 时刻质点在哪个位置，到下一个时刻它的位置会改变一个固定的值。例如，如果施加的是正向的恒力，那么每隔一个增量步质点都会向前移动 $\Delta t \dfrac{F(t)}{m}$。这个定律显然是确定性的。已知质点在位置 $x(0)$ 和时刻 $t = 0$（或状态 x_0 处），可以很容易地预测未来它在哪里。因此，按照第 1 讲的判断准则，亚里士多德没有错。

我们回到运动方程：

$$\frac{\mathrm{d}x(t)}{\mathrm{d}t} = \frac{F(t)}{m}$$

包含未知函数的导数的方程叫作微分方程（differential equations）。上面的式子中只包含一阶微分，所以它是一阶微分方程。这样的微分方程很容易求解，求解技巧是对方程等号两边进行积分：

$$\int \frac{\mathrm{d}x(t)}{\mathrm{d}t}\,\mathrm{d}t = \int \frac{F(t)}{m}\,\mathrm{d}t$$

等号左边是导数的积分，积分基本定理可以派上用场。等号左边的结果等于 $x(t)+c$。

另外，等号右边是某个函数的积分。而且除了待定常数，等号右边的结果是确定的。例如，如果 F 是一个常数，那么等号右边等于：

$$\int \frac{F}{m}\,\mathrm{d}t = \frac{F}{m}t + c$$

注意：这里我们加入了一个额外的常数。在方程等号两边同时添加待定常数显得累赘，因此可以通过移项整理成一个待定常数。在这个例子中，满足运动方程的表达式是：

$$x(t) = \frac{F}{m}t + c$$

怎样确定常数 c 呢？答案是利用初始条件。例如，如果我们知道质点在 $t=3$ 时刻从 $x=1$ 开始运动，那么就可以把这些值代入方程，从而得到：

$$1 = 3\frac{F}{m} + c$$

进而解得 c：

$$c = 1 - 3\frac{F}{m}$$

本讲经典力学练习

练习 1：已知一个力按照 $F = 2t^2$ 随时间变化，并且在 0
时刻的初始条件为 $x(0) = \pi$，用亚里士多德定
律求解 $x(t)$。

　　亚里士多德的运动方程是确定性的，但是它是可逆的
吗？在第 1 讲中，我解释了"可逆"意味着如果让指示状态
演变的箭头反转方向，那么得到的新的运动定律也是确定性
的。当时间是连续的时候，类似的反转箭头的步骤很简单，
只需在方程中所有出现时间变量的地方，用带负号的时间变
量代替。这个效果有些像交换过去和未来。把 t 换成 $-t$ 同

样包括改变微小时间增量的符号。也就是说，每个 Δt 必须换成 $-\Delta t$。实际上，你可以在微分尺度 dt 改变符号。反转箭头意味着把 dt 变为 $-$dt。我们回到亚里士多德的方程：

$$F(t) = m\frac{\mathrm{d}x}{\mathrm{d}t}$$

并改变时间变量的符号，得到：

$$F(-t) = -m\frac{\mathrm{d}x}{\mathrm{d}t}$$

等号左边是一个力，不过是在 $-t$ 时刻而不是 t 时刻计算得到的。但是，如果 $F(t)$ 是一个已知函数，那么 $F(-t)$ 也是已知的。在可逆问题中，力依然是负时间的已知函数。

在等号右边我们用 $-$dt 代替了 dt，也就改变了整个表达式的符号。实际上，等号右边的负号可以移到左边：

$$-F(-t) = m\frac{\mathrm{d}x}{\mathrm{d}t}$$

这个式子的含义很明显：**运动的逆向方程和原来形式一致，但是有着不同的力随时间变化的函数**。结论很明确：如果亚里士多德运动方程对于未来是确定性的，那么它对于过去同样是确定性的。但是亚里士多德运动方程的问题不在于一致性，而在于它本身就是错误的。

令人感到有趣的是，亚里士多德运动方程确实有一个应用——虽然不是作为基本定律，而是作为近似定律。摩擦力确实存在，而且很多情况下它很重要，以至于亚里士多德的直觉——"如果你停止推一个物体，那么它就会停止运动"基本正确。摩擦力不是基本力。它是一个物体与非常多的微小物体——原子和分子（体积太小、数目太大而无法追踪）互相作用的结果。因此我们把这些暗藏的自由度平均化，得到的结果就是摩擦力。当摩擦力非常显著时，例如，一块石头在泥中运动时，亚里士多德运动方程对其描绘得已经称得上非常精准了，但仍有局限。在这种情况下，决定力和速度的不是质量，而是一种被称作黏性系数的量。对于黏性系数，我们在此先不做讨论。

质量、加速度、力

亚里士多德的错误在于，他认为需要有力"施加"在物体上，物体才能保持运动。正确的概念是需要一个力（施加的力）来克服另一个力（摩擦力）。一个孤立在没有阻力的空间里的物体不需要任何力来保持它的运动。实际上，它需要一个力才能停下来。这就是惯性定律（law of inertia）。

力所做的是改变物体的运动状态。如果物体初始是静止的，那么它需要力让它运动。如果物体沿着某方向运动，那么它需要力来改变运动方向。这些例子都包括改变物体的运动速度，也就是说，都涉及加速度。

从经验上看，我们知道有些物体比其他物体有更大的惯性，它需要更大的力来改变它的速度。具有大惯性和小惯性的明显例子是火车头与乒乓球。一个物体惯性大小的定量度量是它的质量。

牛顿运动定律包括三个量：加速度、质量和力。加速度在第 2 讲中我们已经讲得很详细了。通过观察物体移动时位置的改变，具有一些数学知识的观察者可以确定它的加速度。质量是一个新的概念，它需要利用加速度和力来定义。但到目前为止我们还没有定义力。听起来我们好像陷入了一个逻辑循环：力通过改变具有一定质量的物体运动的能力定义，而质量通过阻止这种改变的能力定义。为了打破这个循环，我们来仔细研究一下实际情况中是如何定义和测量力的。

虽然有非常精密的仪器能够以很高的精度测量力，但是仅仅通过想象一个老式的设备——弹簧测力计就能很好地满足我们的需求。弹簧测力计由一个弹簧和一把标尺组成，

标尺用来测量弹簧从自然平衡位置被拉扯了多长（如图 3-1
所示）。

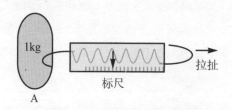

图 3-1　弹簧测力计原理示意图

　　弹簧测力计有两个钩子，一个连接在需要测量质量的物
体上，测量者拉另一个。讨论力的定义时，你需要多个这样
的设备。

　　我们把弹簧测力计的一个钩子固定在某物体 A 上，并
拉扯另外一个钩子，将指针走过 1 格时所施加的力定义为单
位力。这样，我们向物体 A 施加了一个单位的力。

　　为了定义 2 个单位的力，我们可以用足够的力拉扯弹簧
让指针走过 2 格。但这么做假设了弹簧受拉扯使指针指到第
一格和第二格的过程中有相同的行为。这样假设会让我们回
到"没有止境"的逻辑循环里。为了避免这种情况出现，我
们把两个弹簧测力计固定在物体 A 上，然后同时用 1 个单
位力拉扯它们，将此时所施加的合力定义为 2 个单位的力。

当我们在无阻力的空间中做这个实验时会发现一个有趣的事实，那就是物体 A 会沿着我们拉扯它的方向加速。更确切地说，加速度与力成正比——施加 2 个单位力时加速度是施加 1 个单位力时的 2 倍（如图 3-2 所示），施加 3 个单位力时加速度是施加 1 个单位力时的 3 倍，依此类推。

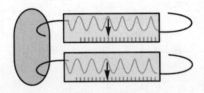

图 3-2　两倍的力

接着，让我们改变 A 的惯性。特别地，如图 3-3 所示，当弹簧测力计勾住两个一模一样的物体 A 时惯性会加倍。

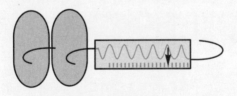

图 3-3　两倍惯性

这时我们会发现当施加 1 个单位力时（用一个弹簧测力计同时拉扯两个物体并使指针走过 1 格），获得的加速度只是原来的一半。此时的惯性（质量）是之前的两倍。

　　显然我们可以推广这个实验：同时拉扯 3 个相同质量的物体，那么加速度就是开始时的 1/3，依此类推。

　　我们可以同时拉扯任意多数目的物体 A 来进行更多的实验。实验结果可以用一个公式总结，即牛顿第二运动定律，它告诉我们力等于质量乘以加速度：

$$\vec{F} = m\vec{a} \qquad (1)$$

这个公式还可以写成：

$$\vec{F} = m\frac{\mathrm{d}\vec{v}}{\mathrm{d}t} \qquad (2)$$

也就是说：**力等于质量乘以速度变化率，没有力也就没有速度的变化。**

　　注意，上面的方程是矢量方程。因为力和加速度不仅有大小，还有方向，所以，它们都是矢量。

关于单位的插曲

　　一位数学家也许会对形容一个线段的长度等于 3 感到满

意。但是，一位物理学家或者工程师——甚至一个普通人都会想知道：3 个什么单位？ 3 米、3 厘米，还是 3 光年？

同样地，形容一个物体的质量等于 7 或 12 也无法传递任何信息。为了给数字赋予意义，我们必须表明使用的单位。首先，让我们从长度单位讲起。

在巴黎存放着铂金制成的米原器，它被保存在密封恒温且与外界隔绝的容器中以确保长度不变。[①] 本书中我们使用米原器作为长度（length）单位。

我们这样表示：

$$[x] = [\text{length}] = \text{meters}$$

虽然直观上这个公式像一个方程，但它不是通常意义上的方程。这个公式的读法是：x 有长度单位且用米（meters）度量。

与此类似，t 有时间单位（time）且用秒（seconds）度

---

① 米有一种现代化的定义，它利用原子从一个量子能级跃迁到另一个时发出光的波长定义。本书中使用巴黎米原器。

量。秒可以用某单摆摆动一次所用的时长定义：

$$[t] = [\text{time}] = \text{seconds}$$

单位米和秒的缩写分别是 m 和 s。

当我们有了长度和时间的单位，就可以建立速度和加速度的单位了。为了计算物体的速度，我们用一段距离除以一段时间。得到结果的单位是长度每时间，或者用我们定义的单位描述——米每秒。

$$[v] = \left[\frac{\text{length}}{\text{time}}\right] = \frac{\text{m}}{\text{s}}$$

与此类似，加速度是速度的变化率，它的单位是速度每单位时间，或者长度每单位时间的平方：

$$[a] = \left[\frac{\text{length}}{\text{time}}\right]\left[\frac{1}{\text{time}}\right] = \left[\frac{\text{length}}{\text{time}^2}\right] = \frac{\text{m}}{\text{s}^2}$$

我们使用的质量单位是千克（kg），它是由一块铂金 [1] 的质量定义的，它同样保存在法国。质量的单位可以写成：

① 这块铂金即国际千克原器，现保存在法国巴黎国际计量局。

$$[m] = [\text{mass}] = \text{kilogram} = \text{kg}$$

下面，我们考虑力的单位。有人也许会用某种特殊材料制成的特别的弹簧被拉长 0.01 米时所受的力，或类似的情形定义为 1 单位力。但事实上，不需要给力设定新的单位。我们已经有了一个定义——使 1 千克物体获得 1 米每秒平方加速度时需要的力。更确切地说是用牛顿第一定律来定义的。显然，力的单位由质量的单位乘以加速度的单位组成：

$$
\begin{aligned}
[F] &= [\text{force}] \\
&= [ma] \\
&= \left[\frac{\text{mass} \times \text{length}}{\text{time}^2} \right] \\
&= \frac{\text{kg m}}{\text{s}^2}
\end{aligned}
$$

这个单位力即 1 千克每秒平方被称作 1 牛顿，简写为 N。牛顿作为英国人，也许更喜欢英制单位——1 磅力。1 磅力大约等于 4.4 牛顿。

一些求解牛顿方程的简单例子

最简单的例子是一个不受力的质点。运动方程用公式定

第 3 讲
动力学

义，但是力等于 0：

$$m\frac{\mathrm{d}\vec{v}}{\mathrm{d}t} = 0$$

或者，用对时间求导的点标记法写成：

$$m\dot{\vec{v}} = 0$$

我们可以消去质量项把方程写成分量形式：

$$\dot{v}_x = 0$$
$$\dot{v}_y = 0$$
$$\dot{v}_z = 0$$

方程的解很简单：速度分量等于常数且只等于它们的初始值：

$$v_x(t) = v_x(0) \qquad (3)$$

同理，可以得到另外两个分量。顺便说一下，这个方程的解常常被称作牛顿第一定律（Newton's first law of motion）：

每个处于匀速运动状态的物体都将保持该状态直到有外力施加在上面。

公式（1）和（2）被称作牛顿第二定律（Newton's second law of motion）：

一个物体的质量 m、加速度 $\vec{a}$ 和受力 $\vec{F}$ 之间的关系是：

$$\vec{F} = m\vec{a}$$

但是正如我们所见，牛顿第一定律仅是第二定律受力等于 0 时的特例。

回想速度是位置关于时间的导数，我们可以把公式（3）表达为：

$$\dot{x} = v_x(0)$$

这是最简单的微分方程，它的解（分量形式）是：

$$x(t) = x_0 + v_x(0)t$$
$$y(t) = y_0 + v_y(0)t$$
$$z(t) = z_0 + v_z(0)t$$

或者，用矢量表示为：

$$\vec{r}\left(t\right)=\vec{r}_0+\vec{v}_0t$$

恒力会产生一种较为复杂的运动。我们用只沿 z 方向的运动举例。用力除以质量 m 得到运动方程：

$$\dot{v}_z=\frac{F_z}{m}$$

The Theoretical
Minimum
本讲经典力学练习

练习 2: 对这个方程进行积分。提示：用定积分。

通过积分我们推导出：

$$v_z\left(t\right)=v_z\left(0\right)+\frac{F_z}{m}t$$

或者

$$\dot{z}\left(t\right)=v_z\left(0\right)+\frac{F_z}{m}t$$

这可能是第二简单的微分方程。它可以很容易地求解：

$$z(t) = z_0 + v_z(0)t + \frac{F_z}{2m}t^2 \qquad (4)$$

本讲经典力学练习

练习 3： 对这个式子求导来证明它满足运动方程。

这个简单的例子似曾相识。如果 z 表示离开地球表面的高度，$\frac{F_z}{m}$ 用重力加速度代替，即 $\frac{F_z}{m} = -g$，那么方程就是描述物体从高度 z_0 以初始速度 $v_z(0)$ 的下落运动：

$$z(t) = z_0 + v_z(0)t - \frac{1}{2}gt^2 \qquad (5)$$

我们来考虑简谐振子（harmonic oscillator）的例子。这个系统最适合想象成一个沿着 x 轴运动的质点，它受将它拉向原点的力。受力方程是：

$$F_x = -kx$$

负号表示无论 x 取值多少，力都倾向于把它重新拉回 $x = 0$ 的位置。因此，当 x 是正数时力是负值，反之亦然。运动方程式可以写成：

$$\ddot{x} = -\frac{k}{m}x$$

或者，令 $\frac{k}{m} = \omega^2$，方程写成：

$$\ddot{x} = -\omega^2 x \tag{6}$$

本讲经典力学练习

练习 4： 通过求导证明上面方程（6）的解的一般形式可以利用两个常数 A 和 B 写成：

$$x(t) = A\cos\omega t + B\sin\omega t$$

利用 A 和 B 确定质点在初始时刻 $t = 0$ 时的位置和速度。

　　简谐振子是一个非常重要的系统，从单摆运动到光波中的电磁场振动都有它的身影。仔细学习简谐振子运动规律很有用处。

第 3 讲插曲　**偏微分**

"看那边，列尼。那些山丘和山谷难道不是很美丽吗？"

"是啊，乔治。我们有钱之后也在那边买一块地，可以吗？"

乔治斜眼看着列尼："列尼，你具体说的是哪儿？"

列尼指着远方："就在那边，乔治。在那个局部极小点。"

偏导数

单变量微积分可以很自然地推广到多变量微积分。想象我们有一个多变量函数，而不是单变量。举个例子，我们把这些变量称作 x，y，z，尽管这些变量不只用来表示常规空间坐标。而且，变量的数目可能多于或少于 3 个。同时我们也想象一个这些变量的函数 $V(x, y, z)$。每个 x，y，z 都对应一个独一无二的 $V(x, y, z)$，并且假设这个函数随坐标产生平滑的变化。

多变量微积分围绕偏导数（partial derivatives）的概念展开。假设我们正在考察 x，y，z 附近的区域，并且我们想知道固定 y 和 z，只让 x 变化时 V 的变化率。我们可以把 y 和 z 看作固定参数，因此只有 x 是变量。V 的导数可以定义为：

$$\frac{\mathrm{d}V}{\mathrm{d}x} = \lim_{\Delta x \to 0} \frac{\Delta V}{\Delta x} \tag{7}$$

其中 ΔV 定义为：

$$\Delta V = V([x + \Delta x], y, z) - V(x, y, z) \tag{8}$$

注意在 ΔV 的定义中，只有 x 发生了改变，y 和 z 保持不变。

由方程（7）和（8）定义的导数被称作 V 对于 x 的偏导数，写成：

$$\frac{\partial V}{\partial x}$$

或者，当需要强调 y 和 z 保持不变时写成：

$$\left(\frac{\partial V}{\partial x}\right)_{y,\,z}$$

用相同的方法我们可以建立对其他变量的偏导数：

$$\frac{\partial V}{\partial y} = \lim_{\Delta y \to 0} \frac{\Delta V}{\Delta y}$$

V 对 y 的偏导数可以简写为：

$$\frac{\partial V}{\partial y} = \partial_y V$$

同样可以定义高阶偏导数。如果把 $\dfrac{\partial V}{\partial x}$ 自身看作 x，y，z 的函数，那么它也可以进行求导。因此我们可以定义对于 x 的二阶偏导数：

$$\frac{\partial^2 V}{\partial x^2} = \partial_x\left(\frac{\partial V}{\partial x}\right) = \partial_{x,\,x} V$$

同样存在混合偏导数。例如，我们可以求 $\partial_y V$ 对于 x 的导数：

$$\frac{\partial^2 V}{\partial x \partial y} = \partial_x\left(\frac{\partial V}{\partial x}\right) = \partial_{x,\,y} V$$

关于混合偏导数有一个有趣而且重要的事实，那就是混合偏导数不依赖于求导顺序[①]。也就是说：

$$\frac{\partial^2 V}{\partial x \partial y} = \frac{\partial^2 V}{\partial y \partial x}$$

The Theoretical
Minimum

本讲经典力学练习

练习 5：计算下面各式的一阶和二阶偏导数，以及混合偏导数。

$$x^2 + y^2 = \sin(xy)$$
$$\frac{x}{y}\left(e^{x^2} + y^2\right)$$
$$e^x \cos y$$

---

① 只有当二阶偏导数连续时，求二阶偏导数才与求导次序无关。常见的函数是初等函数，它们的二阶导数连续。因此大多数情况下这个性质成立。——译者注

驻点与函数最小化

我们来观察 y 的函数 F（如图 3-4 所示）。

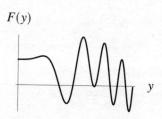

$F(y)$

y

图 3-4　函数 $F(y)$ 的图象

注意到在曲线上有一些点，从这些点出发，无论 y 向哪个方向变化都会使 F 增大。这些点被称作局部极小点（local minima）。在图 3-5 中标出了局部极小点。

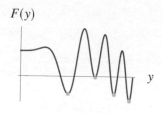

$F(y)$

y

图 3-5　局部极小点示例

在每个局部极小点处，无论变量沿着 y 轴的哪个方向移动，函数值 $F(y)$ 都会大于在局部极小值处的值。每个局部极小点都处在"失望的谷底"。全局最小点（global minimum）是曲线上最低的一点。

判断一个点是局部极小点的一个条件是函数对独立变量的导数在那一点等于 0。这是一个必要条件，但不是充分条件。这个条件定义了驻点（stationary point）：

$$\frac{\mathrm{d}}{\mathrm{d}y}F(y) = 0$$

判断驻点特性的第二个测试条件是考察它的二阶导数。如果在驻点处的二阶导数大于 0，那么所有附近的点都高于驻点，我们就得到局部极小值（local minimum）：

$$\frac{\mathrm{d}^2}{\mathrm{d}^2 y}F(y) > 0$$

如果二阶导数小于 0，那么附近点都在驻点之下，我们就得到局部极大值（local maximum）：

$$\frac{\mathrm{d}^2}{\mathrm{d}^2 y}F(y) < 0$$

参看图 3-6 的局部极大点示例。

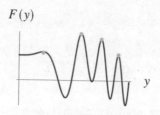

图 3-6 局部极大点示例

如果二阶导数等于 0, 那么函数在驻点处导数从正变为负[①], 我们称这个点为拐点 (point of inflection):

$$\frac{\mathrm{d}^2}{\mathrm{d}^2 y} F(y) = 0$$

参看图 3-7 的拐点示例。

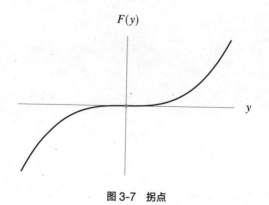

图 3-7 拐点

[①] 或从负变为正。——译者注

以上就是二阶导数测试（second-derivative test）结果的集合。

更高维度空间中的驻点

局部极大、极小点，以及各种驻点也存在于多变量函数中。想象一片丘陵地带，海拔是两个坐标的函数，我们称这两个坐标为纬度和经度，函数写成 $A(x, y)$。山丘顶和山谷底分别代表函数 $A(x, y)$ 的局部极大点和局部极小点。但是，这些点不是这片地带唯一的局部水平点。两个山丘之间存在着鞍点（saddle points），如图 3-8 所示。

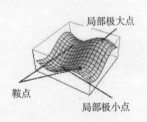

图 3-8　某多变量函数图象

无论你在山丘顶往哪个方向走，不久就会走下坡路。山谷底则正相反，所有方向都是上坡路。但这两个地方都是水平的。

还有其他水平的地方。在两个山丘之间，你可以找到叫作鞍点的地方。鞍点是水平的，但是沿着某坐标轴的任意方向，海拔很快上升，沿着另一个垂直的方向海拔则很快下降。这些点都被称作驻点。

我们沿着 x 轴在空间中做一个切片，并且这个切片穿过 A 的一个局部极小点，如图 3-9 所示。

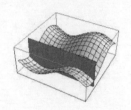

图 3-9　沿着 x 轴的一个切片

明显在局部极小点处 A 对 x 的导数等于 0，我们写成：

$$\frac{\partial A}{\partial x} = 0$$

另外，切片也可以沿着 y 轴，那么我们可以推断：

$$\frac{\partial A}{\partial y} = 0$$

为了获得极小点，或者确切地说获得驻点，两个导数都要等于 0。如果 A 在空间中还有其他变化方向，那么驻点的条件是，对于所有 x_i 有：

$$\frac{\partial A}{\partial x_i} = 0 \qquad (9)$$

有一个速记法总结这些方程。回想一个函数当 x 有微小扰动时的变化可以表示为：

$$\delta A = \sum_i \frac{\partial A}{\partial x_i} \delta x_i$$

方程组（9）等同于当 x 有任意微小扰动时，有：

$$\delta A = 0 \qquad (10)$$

假设我们找到了这样的一个点，如何判断它是极大点、极小点还是鞍点呢？答案是单变量函数判定准则的一个推广。我们可以考察二阶导数，但是存在着多个二阶导数。对于二维问题，有：

$$\frac{\partial^2 A}{\partial x^2}$$

$$\frac{\partial^2 A}{\partial y^2}$$

$$\frac{\partial^2 A}{\partial x \partial y}$$

以及

$$\frac{\partial^2 A}{\partial y \partial x}$$

最后两个是等价的。

通常把这些偏导数放在一个叫作海森矩阵（Hessian matrix）的特殊矩阵中：

$$\mathbf{H} = \begin{pmatrix} \dfrac{\partial^2 A}{\partial x^2} & \dfrac{\partial^2 A}{\partial x \partial y} \\[2mm] \dfrac{\partial^2 A}{\partial y \partial x} & \dfrac{\partial^2 A}{\partial y^2} \end{pmatrix}$$

两个重要的量——行列式和迹可以通过这个矩阵求出。海森矩阵的行列式由下式给出：

$$\mathbf{Det H} = \frac{\partial^2 A}{\partial x^2}\frac{\partial^2 A}{\partial y^2} - \frac{\partial^2 A}{\partial y \partial x}\frac{\partial^2 A}{\partial x \partial y}$$

海森矩阵的迹由下式给出：

$$\mathbf{Tr H} = \frac{\partial^2 A}{\partial x^2} + \frac{\partial^2 A}{\partial y^2}$$

除了这些定义，矩阵、行列式和迹对你来说也许不那么重要。但如果你跟着这些内容一直到下一个主题——量子力学，那么它们就很重要了。暂时，你只需要记住这些定义和规则：

如果海森矩阵的行列式和迹是正数，那么驻点对应局部极小值。

如果行列式是正数，迹是负数，那么驻点对应局部极大值。

如果行列式是负数，那么无论迹是正是负，驻点都对应鞍点。

不过需要指出的是，这些规则只适用于双变量函数。变量大于两个时，规则会更加复杂。

这些规则也许不那么直观，但它们可以用来测试多种函数并找到它们的驻点。我们来做一个例题。考虑函数：

$$F(x, y) = \sin x + \sin y$$

对它求偏导数，得到：

$$\frac{\partial F}{\partial x} = \cos x$$

$$\frac{\partial F}{\partial y} = \cos y$$

考察点 $x = \dfrac{\pi}{2}$，$y = \dfrac{\pi}{2}$。因为 $\cos\dfrac{\pi}{2} = 0$，两个偏导数都等于 0，所以这个点是驻点。

接下来检查这个驻点的类型。计算函数的二阶偏导数，得到：

$$\frac{\partial^2 F}{\partial x^2} = -\sin x$$

$$\frac{\partial^2 F}{\partial y^2} = -\sin y$$

$$\frac{\partial^2 F}{\partial x \partial y} = 0$$

$$\frac{\partial^2 F}{\partial y \partial x} = 0$$

因为 $\sin\dfrac{\pi}{2} = 1$，我们得到海森矩阵的行列式和迹都是正数。因此这个驻点对应局部极小值。

本讲经典力学练习

练习6： 考察点 $\left(x = \dfrac{\pi}{2}, y = -\dfrac{\pi}{2}\right)$, $\left(x = -\dfrac{\pi}{2}, y = \dfrac{\pi}{2}\right)$ 和

$\left(x = -\dfrac{\pi}{2}, y = -\dfrac{\pi}{2}\right)$。它们是下列函数的驻点吗?

如果是，分别是哪种类型?

$$F(x, y) = \sin x + \sin y$$
$$F(x, y) = \cos x + \cos y$$

The Theoretical Minimum

第 4 讲

多质点系统

lecture 4
Systems of More Than One Particle

The
Theoretical
Minimum

那是一个慵懒而温暖的傍晚，列尼和乔治躺在草地上望着天空。

"乔治，给我讲讲星星的故事。它们是质点吗？"

"有点儿像，列尼。"

"为什么它们不动呢？"

"它们在移动，列尼，只是它们在很远的地方。"

"有那么多星星，乔治，你觉得那个叫拉普拉斯的家伙真的能算出它们的运动吗？"

质点系统

如果自然系统如拉普拉斯相信的那样由质点构成，那么自然界的定律一定是由决定这些质点系统运动的动力学定律组成的。回想拉普拉斯所说的，"假如一种智能可以知道在某一时刻所有造成自然运动的力和所有构成自然的物质的位置……"，那么是什么决定了施加在质点上的力呢？答案是"所有其他质点的位置"。

很多力不是基本力——例如摩擦力、风施加的拖拽力、地板施加的防止你滑倒的力。它们源自原子、分子间微观的相互作用。

基本力是作用在质点之间的力，例如引力和电场力。它们依赖于若干因素：质点间的引力与各个质点质量的乘积成正比，电场力与质点所带电荷量的乘积成正比。电荷与质量被认为是质点的固有属性，指定它们也就指定了系统的一部分。

　　除了固有属性，力还依赖于质点的位置。例如，物体的间距决定了一个物体施加到另一个物体的电场力和引力。假设所有质点的位置用它们的坐标描述：第一个质点在 x_1, y_1, z_1，第二个质点在 x_2, y_2, z_2，第三个质点在 x_3, y_3, z_3，依此类推直到最后一个，或者说第 N 个质点。施加在任何一个质点的力是该质点和所有其他质点位置的函数。我们可以把这个函数写成：

$$\vec{F}_i = \vec{F}_i\left(\{\vec{r}\}\right)$$

这个函数的意义是施加在第 i 个质点的力是所有质点位置的函数。符号 $\{\vec{r}\}$ 表示系统中囊括所有质点位置的集合。另一种描述方式是称这个符号表示所有位置矢量的集合。

　　一旦我们知道了施加在某个质点上的力——例如 1 号质点，我们便可以写出那个质点的牛顿运动方程：

$$\vec{F}_1\left(\{\vec{r}\}\right) = m_1 \vec{a}_1$$

其中 m_1 和 $\vec{a}_1$ 表示 1 号质点的质量和加速度。当我们用二阶导数表达加速度时，方程可以写成：

$$\vec{F}_1\left(\{\vec{r}\}\right) = m_1 \frac{\mathrm{d}^2 \vec{r}_1}{\mathrm{d}t^2}$$

实际上，我们可以把这个方程对各个质点写成：

$$\vec{F}_1\left(\{\vec{r}\}\right) = m_1 \frac{\mathrm{d}^2 \vec{r}_1}{\mathrm{d}t^2}$$

$$\vec{F}_2\left(\{\vec{r}\}\right) = m_2 \frac{\mathrm{d}^2 \vec{r}_2}{\mathrm{d}t^2}$$

$$\vec{F}_3\left(\{\vec{r}\}\right) = m_3 \frac{\mathrm{d}^2 \vec{r}_3}{\mathrm{d}t^2}$$

$$\vdots$$

$$\vec{F}_N\left(\{\vec{r}\}\right) = m_N \frac{\mathrm{d}^2 \vec{r}_N}{\mathrm{d}t^2}$$

或者写成简化的形式：

$$\vec{F}_i\left(\{\vec{r}\}\right) = m_i \frac{\mathrm{d}^2 \vec{r}_i}{\mathrm{d}t^2}$$

我们还可以把这些方程写成分量形式：

$$\left(F_x\right)_i\left(\{x\}\right) = m_i \frac{\mathrm{d}^2 x_i}{\mathrm{d}t^2}$$

$$\left(F_y\right)_i\left(\{y\}\right) = m_i \frac{\mathrm{d}^2 y_i}{\mathrm{d}t^2} \qquad (1)$$

$$\left(F_z\right)_i\left(\{z\}\right) = m_i \frac{\mathrm{d}^2 z_i}{\mathrm{d}t^2}$$

在这个方程组里，$\left(F_x\right)_i$，$\left(F_y\right)_i$ 和 $\left(F_z\right)_i$ 表示第 i 个质点受力的

x, y, z 分量，符号 $(\{x\})$，$(\{y\})$ 和 $(\{z\})$ 表示所有质点的全部 x, y, z 坐标。

最后一个方程组清楚地说明了每个质点的每个坐标都有一个方程，以此可以告诉拉普拉斯，想象中强大的智能在已知初始条件的情况下每个质点的移动轨迹。那么，总共有多少方程？答案是，每个质点有 3 个。因此如果有 N 个质点，那么总共有 $3N$ 个方程。

多质点系统的状态空间

系统状态正式的含义是："给定动力学定律的条件下，（以完美的精度）预测系统未来所需要的一切。"回想第 1 讲，状态空间是系统所有可能状态的集合。在第 1 讲的例子中，状态空间是系统所有可能状态的集合：**对于硬币来说是"正"或"反"，对于骰子是数字 1 到 6，依此类推**。在亚里士多德的力学定律中，假设已知作用在物体上的力，系统状态可以通过获得物体位置而容易地确定。实际上，按照亚里士多德定律，力决定速度，速度告诉我们在下一个时刻物体的位置。

但是牛顿定律和亚里士多德定律不同：**它告诉我们力决**

定加速度，而不是速度。这意味着为了预测质点位置，你不仅需要知道质点位置，还需要知道它的速度。质点的速度可以告诉你质点在下一个时刻的位置，加速度可以告诉你未来的速度如何。

以上所述说明了多质点系统的状态不仅由质点的位置决定，还由它们当前的速度决定。例如，如果系统只有一个质点，那么它的状态由 6 项数据组成：3 个质点坐标分量和 3 个速度分量。我们可以说状态是 6 维空间中的点，这个空间的 6 个坐标轴分别标记为 x, y, z, v_x, v_y, v_z。

下面我们考虑质点的运动。在每个时刻，质点的状态由 6 个变量 $x(t), y(t), z(t), v_{x(t)}, v_{y(t)}, v_{z(t)}$ 的值决定。我们可以把质点的运动历史在状态空间中画成一条轨迹。

接下来考虑含有 N 个质点的系统的状态空间。我们需要指定每个质点的状态来确定系统的状态。显然，这意味着状态空间是 $6N$ 维的：N 个质点中每一个都有 3 个位置分量和 3 个速度分量。我们可以说系统的运动是 $6N$ 维空间中的一条轨迹。

此处，我们停下来想一下：如果状态空间是 $6N$ 维的，为什么公式（1）中的 $3N$ 个分量就足以决定系统如何演化了呢？是不是我们遗落了一半的方程？我们回到指定力的单系统质点系统，利用加速度是速度变化率的事实，我们写出牛顿方程：

$$m\frac{\mathrm{d}\vec{v}}{\mathrm{d}t} = \vec{F}$$

因为这里没有速度的表达式，我们增加一个描述速度是位置变化率的方程：

$$\frac{\mathrm{d}\vec{r}}{\mathrm{d}t} = \vec{v}$$

当我们引入第二个方程的时候，就有了总共 6 个分量描述 6 个坐标在状态空间中如何随时间变化。同样的概念，应用到每个质点上，我们就得到 $6N$ 个控制质点在状态空间中运动的方程：

$$\begin{aligned} m_i\frac{\mathrm{d}v_i}{\mathrm{d}t} &= F_i \\ \frac{\mathrm{d}r_i}{\mathrm{d}t} &= v_i \end{aligned} \qquad (2)$$

因此，回顾刚才的问题，我们确实是落下了一半的方程。

无论你恰好在 $6N$ 维状态空间中的哪个位置，上面方程

（2）都会告诉你下一时刻你在哪里，还会告诉你上一个时刻你在哪里。因此，方程（2）是合理的动力学定律。现在我们有了 N 个质点的 $6N$ 个方程。

动量和相空间

如果你被一个运动着的物体撞了，那么结果不仅与物体的速度有关，还与它的质量相关。显然，一个以大约每秒 13 米速度运动的乒乓球造成的撞击效果比一个相同速度的火车头小得多。实际上，这种撞击效果与物体的动量成正比，我们暂时定义动量为速度和质量的乘积。因为速度是矢量，所以动量也是矢量，用字母 $\vec{p}$ 表示。有：

$$\vec{p}_i = m_i \vec{v}_i$$

或

$$\vec{p} = m\vec{v}$$

由于速度和动量联系如此紧密，我们可以用动量和位置代替速度和位置来标记状态空间中的点。当状态空间用这种方法描述时，它有一个特别的名字——相空间（phase

space）。质点的相空间是一个含有坐标 x_i 和 p_i 的 6 维空间，
如图 4-1 所示。

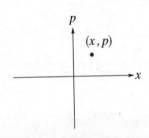

图 4-1　相空间中的一点

为什么我们不称这个空间为"构形空间"呢？为什么要
使用一个新的术语——相空间？原因是"构形空间"这个术
语已经用于描述其他物理量了——它用来描述位置的三维空
间：只包含 r_i。它也许可以被称作位置空间，然后我们可以
说："位置空间加上动量空间等于相空间。"实际上，我们确
实这样说，但是我们同样将构形空间和位置空间这两个术语
交换着使用。因此，我们的口号是：

构形空间加上动量空间等于相空间。

你也许会好奇为什么在描述质点状态时，我们自找麻烦
地选用更抽象的动量概念来替换直观的速度概念。我在本章
后面讲解经典力学的基本框架之后就会揭晓答案。暂时我们

用动量代替速度重新表达公式（2）。首先我们注意到：

$$m\frac{\mathrm{d}\vec{v}}{\mathrm{d}t}$$

只是动量的变化率——也就是 $\frac{\mathrm{d}\vec{p}}{\mathrm{d}t}$，或者用简化的点符号写成：

$$m\frac{\mathrm{d}\vec{v}}{\mathrm{d}t}=\dot{\vec{p}}$$

完整的方程组是：

$$\dot{p}_i = F_i\left(\{r_i\}\right)$$
$$\dot{r}_i = \frac{p_i}{m}$$

（3）

这个简单、优美的方程组就是拉普拉斯想象的自然定律的本来模样：对于相空间的每个点，我们有一个方程描述它在无穷小的时间段内的变化规律。

作用力、反作用力和动量守恒

动量守恒原理是对经典力学一般性原理抽象得到的重要结果。虽然我们还没有列出经典力学一般性原理的方程式，但是动量守恒原理可以利用牛顿第三定律（Newton's third law of motion）直观地理解：

每个作用力都有一个反作用力。

理解牛顿第三定律最简单的办法是假设质点成对地相互作用。每个质点 j 给其他各个质点 i 施加一个力，任何质点受到的合力是所有其他质点施加给它的力的总和。如果我们用符号 $\vec{f}_{ij}$ 表示质点 j 施加给质点 i 的力，那么作用在质点 i 上的合力是：

$$\vec{F}_i = \sum_j \vec{f}_{ij} \qquad (4)$$

等号左边表示施加在质点 i 的合力，等号右边表示由于所有其他质点产生的作用在质点 i 的力的总和。

牛顿作用力与反作用力定律描述成对的质点之间的力 $\vec{f}_{ij}$。简单地说：质点 j 作用在另一个质点 i 上的力，等值且反向于质点 i 作用在质点 j 上的力。用方程表示，牛顿第三定律说明对于每对质点 i 和 j，有：

$$\vec{f}_{ij} = -\vec{f}_{ji} \qquad (5)$$

我们把公式（4）代入公式（3），将其重新写成：

$$\dot{\vec{p}}_i = \sum_j \vec{f}_{ij}$$

换句话说，任何质点的动量变化率等于所有其他质点带来的力的总和。下面我们综合这些方程考察总动量如何变化。

$$\sum_i \dot{\vec{p}}_i = \sum_i \sum_j \vec{f}_{ij}$$

上式等式左边是所有动量变化率的总和，也就是总动量的变化率。等式右边为 0，这是因为当你这样写的时候，每对质点都贡献两项：质点 i 施加给质点 j 的力和质点 j 施加给质点 i 的力。公式描述的作用力与反作用力定律规定这对力互相抵消。因此，我们得到的公式可以写成：

$$\frac{\mathrm{d}}{\mathrm{d}t} \sum_i \vec{p}_i = 0$$

这个公式就是动量"守恒"的数学表达式：**孤立系统的总动量保持不变。**

我们考虑由 p 和 x 构成的 $6N$ 维空间。在相空间的每个点上都指定了完整的动量集合，因此每个点由一个总动量值（部分地）表征。我们可以在整个相空间里给每个点标记它的总动量。现在，想象以某点作为多质点系统的起点。随着时间的推移，相点会在相空间中描绘出一条轨迹。轨迹上每个点都标记了相同的总动量，每个点的总动量从不会从一个数值跳跃到另一个。这个概念与我们在第 1 讲中解释的守恒定律非常相似。

The
Theoretical
Minimum

第 5 讲

能量

lecture 5
Energy

"老前辈，你在火车头下面找什么呢？"

列尼喜欢巨大的蒸汽火车头，所以休息时，乔治偶尔会带他到铁路调车场来。今天他们发现了一位老人，看起来好像丢了什么东西。

"拉这个家伙的马在哪儿呢？"老人问乔治。

"是这样的，它不需要用马拉。请来这边，我告诉您它怎么工作。您看这个地方，"乔治边说边用手指着，"那是它的燃烧室，这个叫锅炉，它靠烧煤获得热能，烧水制造蒸汽。蒸汽压力推动这边盒子里的活塞，然后活塞推动这些连杆，这样轮子就会转起来了。"老人开心地笑了，握了握乔治的手然后离开了。

当乔治解释火车头的工作原理的时候，列尼一直站在旁边。现在，他带着无比崇拜的表情走到乔治旁边说道："乔治，我喜欢你给他讲解的方式。而且我全都听懂了，燃烧室、锅炉，还有活塞。只有一件事我还不懂。"

"是什么，列尼？"

"我一直在想，马到哪里去了？"

力和势能

我们经常听说有很多种能量形式（动能、势能、热能、化学能、核能等），而且它们的总量是守恒的。但是，当局限在讨论质点运动时，经典物理学只包括两种能量：动能和势能。得到能量守恒的最佳途径是直接从数学原理入手，然后再回过头看看我们得到了什么。

能量基本原理——称其为势能原理（potential energy principal）认为所有力都源自一个记作 $V(\{x\})$ 的势能函数。回想 $\{x\}$ 表示系统中所有质点在构形空间的 $3N$ 个坐标的集合。为了解释这个原理，我们首先研究单质点在力 $F(x)$ 作用下沿 x 轴运动的简单问题。根据势能原理，施加在质点上的力和势能 $V(x)$ 的导数相关[1]：

---

[1] 这里是用一维情况举例，所以是用"导数"。但在一般情况下，力是势能函数 $V(x)$ 的负梯度，而梯度是矢量。在本讲中所讨论的都是一维问题或多维问题的一维分量，因此省略了导数符号。感兴趣的读者可以检索"保守场与势函数"的相关资料。——译者注

$$F(x) = -\frac{dV(x)}{dx} \qquad (1)$$

在 1 维问题中，势能原理就是 $V(x)$ 的一种定义。实际上，势能可以通过对方程中的 $F(x)$ 积分得到：

$$V(x) = -\int F(x)dx \qquad (2)$$

我们可以这样理解方程（1）：力总是指向将质点推到低势能的方向（注意到式子里的负号）。并且，势能函数 $V(x)$ 越陡峭[①]，力越大。形象地用一句口号说就是"力推你下山"。

　　势能本身并不守恒。$V(x)$ 随着质点移动而变化，守恒的是势能和动能的总和。粗略地讲，当质点向山下滚动时（即向低势能方向移动），它获得速度。当它向山上滚动时损失速度。这个过程中存在某个物理量守恒。

　　动能利用质点的速度和质量定义。它用 T 表示为：

$$T = \frac{1}{2}mv^2$$

---

① 形容一个函数"陡峭"时，就是说它的变化率很大，直观上函数图象好似一个陡峭的山坡。——译者注

质点的总能量 E 是势能和动能的总和：

$$E = \frac{1}{2}m\vec{v}^2 + V(x)$$

随着质点沿着 x 轴滚动，这两种能量独立变化，但是它们的和一直守恒。我们通过证明 E 的导数等于 0 来解释这一点。

首先我们计算动能的变化率。假设质量是常数，但是 v^2 可以变化。v^2 对于时间的导数是

$$\frac{\mathrm{d}v^2}{\mathrm{d}t} = 2v\frac{\mathrm{d}v}{\mathrm{d}t} = 2v\dot{v} \qquad (3)$$

The Theoretical
Minimum

本讲经典力学练习

练习 1：证明公式（3）。提示：利用求导的乘法法则。

这样可以得到动能对于时间的导数是：

$$\dot{T} = mv\dot{v} = mva$$

其中速度对于时间的导数用加速度代替。

接下来我们计算势能的变化率。求解的关键是注意 $V(x)$ 随时间变化是因为位置 x 随时间变化，这个关系用方程表示为：

$$\frac{dV}{dt} = \frac{dV}{dx}\frac{dx}{dt}$$

（这里可以把导数看作比率，然后消去分子和分母上的 dx。）另一种方法是用速度 v 代替 $\frac{dx}{dt}$：

$$\frac{dV}{dt} = \frac{dV}{dx}v$$

（注意：不要混淆 V 和 v。）

现在我们可以计算总能量的变化率：

$$\dot{E} = \dot{T} + \dot{V}$$
$$= mva + \frac{dV}{dx}v$$

注意，两项中都含有 v，我们可以把它提取出来：

$$\dot{E} = v\left(ma + \frac{dV}{dx}\right)$$

观察括号里面的表达式。利用势能 V 的导数与力相关的这个事实，回想公式中的负号，我们知道总能量 E 可以写成：

$$\dot{E} = v\big(ma - F(x)\big)$$

现在，我们有了可以证明能量守恒的依据：根据牛顿第二定律（$F = ma$），说明括号内的因数互相抵消，因此我们证明了能量守恒。

讨论多质点运动之前需要指出一点：我们已经证明了能量守恒，但是为什么动量不是类似地守恒呢？毕竟在前面的章节里，我们已经知道牛顿第三定律暗示了孤立系统中的质点动量不变。答案是，我们忽略了系统中的一些东西——给一维质点施加力的物体。例如，如果考虑重力场中质点自由下落的问题，那么施加重力的是地球。质点下落过程中它的动量改变，但是被地球微小的运动改变带来的动量改变所抵消。

多维问题

"力的分量是势能的导数"，这是事实但不是定义。当需要考虑不止一个 x 变量的时候，因为空间不止一个维度，

或者质点不止一个，抑或二者均不止一个时，它就成了一个
定义。可以想象一个力不等于势能函数导数的定律，但是大
自然不会使用这样的非守恒力（nonconservative forces）。

我们对现有知识进行抽象，称构形空间坐标为 x_i（记住，
构形空间和位置空间一样）。下标 i 暂时不代表我们讨论的
哪个质点或空间里的哪个方向，它遍历所有可能。也就是
说，对于一个含有 N 个质点的系统，i 有 $3N$ 个值。我们不
需知道这些值从何而来，只需记住正在考察的是一个具有用
i 标记抽象坐标的系统。

我们写出运动方程：

$$m_i \ddot{x}_i = \overrightarrow{F}_i\left(\{x\}\right) \tag{4}$$

每个坐标都对应一个质量 m_i 和一个力的分量 $\overrightarrow{F}_i$。每个力的
分量可以依赖于所有位置 $\{x\}$。

我们已经看到，如公式（1）所示，在 1 维问题中力等
于势能导数的负数。这是势能 V 的一种定义，而不是加在
力上面的特殊条件。但是当维度大于 1 时，事情变得更加复
杂。这种情况下，对一个函数 $V(x)$ 求导通常不能得到集合
$F_i(\{x\})$ 里的所有函数。如果我们认为力的分量可以用一个

势能函数的（偏）导数表示，那么将会诞生一个新的原理。

这个原理确实不只是假想。它是物理学最重要的原理之一的数学表达。

每个系统都有一个势能函数 $V(\{x\})$，使得：

$$F_i(\{x\}) = -\frac{\partial V(\{x\})}{\partial x_i} \qquad (5)$$

上面公式（5）表示什么自然定律？你可能已经猜到它表示能量守恒定律。我们很快就会揭晓答案，但这之前我们先试试将它的含义可视化。

想象我们用函数 $V(x)$ 表示每个点高度或海拔的地形。首先，公式中的负号表示力指向下山方向。它同样说明了沿着更陡峭的斜坡的地方力更大。例如，在等高图上没有沿着等高线的力，力矢量都垂直于等高线。

现在我们返回能量守恒的推导。将公式（5）代入运动方程（4）：

$$m_i \ddot{x}_i = -\frac{\partial V(\{x\})}{\partial x_i} \qquad (6)$$

接下来把公式（6）中各个单独的方程与相对应的速度 $\dot{x}_i$ 相乘，然后求和：

$$\sum_i m_i \dot{x}_i \ddot{x}_i = -\sum_i \dot{x}_i \frac{\partial V(\{x\})}{\partial x_i} \qquad (7)$$

现在我们要仿照在一维例子中那样，对这个公式等号两边进行运算。定义总动能是所有坐标上动能的和：

$$T = \frac{1}{2}\sum_i m_i \dot{x}_i^2$$

下面是公式（7）等号两边给出的结果。首先是等号左边：

$$\sum_i m_i \dot{x}_i \ddot{x}_i = \frac{\mathrm{d}T}{\mathrm{d}t}$$

然后是等号右边：

$$-\sum_i \dot{x}_i \frac{\partial V(\{x\})}{\partial x_i} = -\frac{\mathrm{d}V}{\mathrm{d}t}$$

因此我们可以把公式（7）重新写成：

$$\frac{\mathrm{d}T}{\mathrm{d}t} + \frac{\mathrm{d}V}{\mathrm{d}t} = 0 \qquad (8)$$

和 1 维例子完全一样，公式（8）说明了总能量对于时间的导数等于 0——能量守恒。

为了更形象地表示，想象在一个区域上有一个球在滚动，而且完全不存在摩擦力。当这个球向低处滚动时，它的速度增加，当它向高处滚动时速度减小。上面的公式告诉我们球的运动以一种特别的形式进行，这种方式使动能和势能的总和保持不变，即能量守恒。

你可能会好奇为什么自然界的力总是某个函数的梯度（导数）。在下一讲中我们会利用最小作用量原理重新表述经典力学。在这种表述中，经典力学从一开始就建立在一个势能函数的基础上。但是为什么会得到最小作用量原理？答案可以从量子力学定律以及从追溯场论中关于力的起源的讨论中找到——这些内容暂时超出我们的学习范围。那么，为什么会有量子场论？在某些阶段我们需要不探究原因而承认它。你也可以，不放弃并且一直深入学习。

The Theoretical
Minimum

本讲经典力学练习

练习 2：考虑二维空间 x 和 y 中的一个质点。质点质量等于 m，且在两个方向上质量相等。势能函数

是 $V = \dfrac{1}{2}k\left(x^2 + y^2\right)$。求运动方程。证明对于该
质点的运动存在循环轨道，且所有轨道的运动
周期相等。显式 [1] 证明总能量守恒。

练习 3：将练习 2 中的势能函数换成 $V = \dfrac{k}{2\left(x^2 + y^2\right)}$，并
重做该练习。轨道还是循环的吗？如果是，它
们的周期相同吗？总能量守恒吗？

在学习最小作用量原理之前，我想列出若干种物理学讨
论的能量，并且回顾它们是怎样纳入物理学范畴的。我们
考虑：

● 机械能（mechanical energy）

● 热能（heat）

● 化学能（chemical energy）

● 原子 / 核能（atomic/nuclear energy）

---

[1] "显式"是指可以写出运算规则的方程式。与之对应的是隐式，看不
到运算规则。——译者注

- 静电能（electrostatic energy）

- 磁能（magnetic energy）

- 辐射能（radiation energy）

这种能量分类的方法已经有些过时了。机械能通常指宏观可见的物体——例如星球或起重机吊起的重物的动能和势能，并且它通常指重力势能。

气体或其他分子集合中包含的热能同样是某种动能和势能，唯一的区别是它包含非常多质点的大规模无序运动，质点数量之多以至于我们不会尝试从细节上追踪。化学能也是一个特例：储存在化学键中的能量是组成分子的质点成分的动能和势能的组合，要理解这一点需要用量子力学取代经典力学。但尽管如此，能量还是质点的势能和动能。对于原子能和核能同理。

静电能是带电质点之间的引力和斥力相关的势能的另一种称呼。实际上，除了重力势能，静电能是常规的经典世界①中主要的能量形式。它是原子和分子中带电质点之间的势能。

———————————

① 经典世界，指经典物理学适用的宏观低速尺度上的世界。与之对应的是微观高速的世界，此时经典物理学已不能准确描述物理现象，需要依托于量子物理学。——译者注

　　磁能有点棘手，但是两个磁极之间的力也是势能的一种形式。磁能棘手的地方在于，当我们考虑磁极之间或磁性质点之间的磁力的时候，它是一种叫作速度相关力的怪物。本书后面的部分会讲解这种力。

　　最后，电磁辐射中也存储着能量。它可以是以太阳发出的热量的形式，或者是无线电波、激光或其他形式的辐射中储存的能量。在广义上，它是动能和势能的组合，是场的能量，但不是质点的能量（除非我们应用量子场论）。因此我们暂时把电磁能放在一边，在本书后面的内容中讲解。

The Theoretical Minimum

第 6 讲

最小作用量原理

lecture 6
The Principle of Least Action

The
Theoretical
Minimum

　　列尼很沮丧，也很头疼，以他的体型和力气来看这可不是一个好现象。"乔治，我没法把这些东西都记住。力、质量、牛顿方程、动量，还有能量。你说过不用死记硬背学习物理的。你能不能把这些概念归纳成一个？"

　　"好的，列尼。放轻松，我把它简化一下。这样你只需要记住作用量都是平稳的就行了。"

进阶高等力学

最小作用量原理（principle of least action）——更准确地说是平稳作用量原理，是物理学经典定律的最简洁形式。这个简洁的法则（只需一行就能写完）包罗万象！它不仅涵盖经典力学，还包括电磁学、广义相对论、量子力学以及全部已知的化学知识，小到物质已知的最小成分——基本粒子。

我们可以从经典力学的一个基本问题入手，来对这个原理有一个宏观认识。这个问题是利用系统的运动方程确定其运动轨迹（或轨道）。通常我们在表述这个问题时需要 3 个已知量：质点的质量、作用力集合 $F(\{x\})$（或者，更理想的是势能方程）以及初始状态。系统具有初始坐标值和速度，根据牛顿第二定律，在作用力影响下，系统将开始运动。如果坐标包含 N 个分量 $(x_1, x_2, ..., x_N)$，那么初始状态由给定的总计 $2N$ 个位置和速度的信息组成。例如，在初始

时刻 t_0，我们已知系统位置 $\{x\}$ 和速度 $\{\dot{x}\}$，然后通过求解运动方程解出系统在 t_1 时刻的位置和速度。在这个过程中，通常我们可以得到 t_0 到 t_1 时刻之间系统的运动轨迹（如图 6-1 所示）。

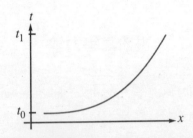

图 6-1　系统在 t_0 到 t_1 时刻之间的运动轨迹

我们可以用另外一种方法描述经典力学问题，这种方法同样需要 $2N$ 个信息分量。在此，我们给出系统的初始和终止位置，而不是初始位置和速度。可以这样理解这种方法：假设某外野手 [1] 在 x_0 位置和 t_0 时刻投球，而且他让球精确地在 1.5 秒钟后（t_1 时刻）到达二垒（x_1 位置）。在这期间，棒球的运动轨迹是什么样的？在这个问题中，确定球的初始速度很重要。对于这种新的问题描述方法，初始速度不是已知量，而是解的一部分。

---

① 外野手是棒球比赛术语，用于称呼负责防守外野区的运动员。——译者注

我们画一个空间－时间图（如图 6-2 所示）来解释这个问题。图中横轴表示质点（棒球）的位置，纵轴表示时间。轨迹的起点和终点是图上的一对点，轨迹则是连接两点的曲线。

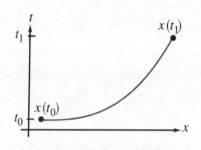

图 6-2 棒球的运动轨迹

这两种描述运动问题的方法与在空间中确定直线的两种方法类似：一方面，我们可以通过从起点出发向某方向前进的方法画一条直线，就像通过初始位置和速度确定轨迹一样；另一方面，我们可以通过连接两个特定的点确定直线，就像已知起点、终点和经历的时间，然后求轨迹。以这种方式来看，问题就变成了寻找从一点出发并穿过另一点的直线。而答案便是：找到两点间的最短路径。在经典力学的问题中，答案就是找到具有平稳作用量的路径。

作用量与拉格朗日函数

建立作用量原理与建立牛顿方程需要完全一样的参数。你需要知道质点的质量以及势能。轨迹的作用量是从开始的 t_0 时刻到结束的 t_1 时刻之间的一个积分。在这里，我会直接告诉你这个积分是什么，而不是激励你去探索，然后，我们会研究如何将其最小化[1]。最后，我们会讨论牛顿运动方程。只要我们明白了最小作用量原理，就不需要更多激励了。因为如果它和牛顿运动方程等价，那还需要什么激励呢？

在进行一般化的讨论之前，我们先用单质点的直线运动来解释概念。质点在 t 时刻的位置是 $x(t)$，速度是 $\dot{x}(t)$。动能和势能分别是：

$$T = \frac{1}{2}m\dot{x}^2$$
$$V = V(x)$$

轨迹的作用量可以写成：

---

① 我用术语"最小化"是因为，据我所知，没有哪个动词可以用来形容把某个量平稳化的状态。我试过 stationaryizing、stationizing（作者自造词——译者注）和其他一些词，但最后我放弃了，选择了"最小作用量路径"。不过请记住，最小作用量就等同于平稳作用量。

$$A = \int_{t_0}^{t_1} (T - V)\,\mathrm{d}t$$

$$= \int_{t_0}^{t_1} \left(\frac{1}{2} m\dot{x}^2 - V(x) \right) \mathrm{d}t \tag{1}$$

你可能认为公式（1）有误。因为能量是 T 和 V 的和，但是公式里却是它们的差。那么，为什么是差而不是和呢？你可以尝试用 $T+V$ 推导，但会得到错误答案。$T-V$ 被称作系统的拉格朗日函数（Lagrangian），用符号 L 表示。如果我们想确定 L，那么就需要知道质点的质量（描述动能）和势能 $V(x)$。当然，这也是建立牛顿运动方程所需要的。

拉格朗日[①]函数可以被看作位置 x 和速度 $\dot{x}$ 的函数。因为势能依赖于 x，所以它是位置的函数；又因为动能依赖于 $\dot{x}$，所以它又是速度的函数。因此 L 可以如此表示：

$$L = L(x, \dot{x})$$

我们可以把作用量重新写成拉格朗日函数的积分：

---

① 约瑟夫·拉格朗日（Joseph Lagrange，1736 年 1 月 25 日—1813 年 4 月 10 日），法国伟大的科学家，在数学、力学和天文学三个学科中都有重大贡献。——译者注

$$A = \int_{t_0}^{t_1} L(x, \dot{x}) \, \mathrm{d}t \qquad (2)$$

平稳作用量原理很神奇。质点似乎是有超能力，一般能够在众多轨迹中选出那个让作用量平稳的一个。我们先暂停一下，思考一下正在讨论的内容以及下一步要讨论的内容。

寻找最小作用量的过程是一种寻找广义函数极值的过程。作用量不是只有若干变量的普通函数，它依赖于无穷多个变量：每个瞬时的所有坐标分量。假设用频闪观测式的100万个点构成的离散轨迹代替连续轨迹，其中每个点由一个坐标 x 确定，但是整个轨迹需要这一百万个点的坐标来确定。作用量是整个轨迹的函数，因此它是一个有100万个变量的函数。将作用量最小化的过程涉及100万个方程。

但是真实时间不是频闪观测式的离散变量，真实的轨迹也是具有无穷多变量的连续函数。换句话说，轨迹由一个函数 $x(t)$ 确定，作用量是一个函数的函数。函数的函数——依赖于函数的量被称作泛函（functional）。最小化泛函是变分法（calculus of variations）这个数学分支的研究课题。

尽管与常规函数有区别，但是作用量的平稳条件与函数驻值的条件非常类似。实际上，作用量平稳条件和第3讲插曲中公式（4）有相同的形式，即：

$$\delta A = 0$$

在这里，变分不仅仅是若干坐标的微小扰动，而是整个轨迹全部可能的微小扰动。

之后，我们会讨论求解最小化作用量的方程。这些方程被称作欧拉[1]-拉格朗日方程（Euler-Lagrange equation）。在单自由度系统下，轨迹上每一点都代表一个欧拉-拉格朗日方程。实际上，这些方程构成微分方程，它们告诉系统如何从一个瞬时变化到下一个。因此，质点不需要超能力来测试所有可能的轨迹——至少不需要测试不遵循牛顿运动方程的轨迹。

接下来，我们推导欧拉-拉格朗日方程。为了方便读者理解，我会直接给出它们的形式。如果你有独立推导能力，那么可以尝试代入拉格朗日函数来看看是否能得到牛顿运动方程。下面的公式就是单自由度系统的欧拉-拉格朗日方程：

$$\frac{\mathrm{d}}{\mathrm{d}t} \frac{\partial L}{\partial \dot{x}} - \frac{\partial L}{\partial x} = 0$$

---

[1]　莱昂哈德·欧拉（Leonhard Euler, 1707 年 4 月 15 日—1783 年 9 月 18 日），18 世纪瑞士伟大的数学家和物理学家，他在数学和物理学的多个领域做出过重大贡献。自然常数 e 以其名字首字母命名。——译者注

推导欧拉－拉格朗日方程

我们来尝试推导单自由度欧拉－拉格朗日方程。首先用频闪观测式的离散时间代替连续时间，各个瞬时可以用整数 n 标记。相邻瞬时之间的时间间隔非常短，记作 Δt。作用量是一个积分，但是与往常一样，积分是求和的极限。在这个情况下，我们将把求和看作在连续分段区间上进行。

我们用求和作为积分的近似，有如下代换：

$$\int L \mathrm{d}t = \sum L \Delta t$$

$$\dot{x} = \frac{x_{n+1} - x_n}{\Delta t}$$

第一个代换是常见的以离散求和近似代替积分，每一项乘以微小时间段 Δt 作为加权系数。第二个代换也似曾相识，它用相邻位置的差除以微小时间段代替速度 $\dot{x}$。

最后一个代换更加微妙。因为我们要把求和看作在相邻时刻之间的微小区间上进行，我们需要给两个时刻之间的中点定义一个表达式。这很容易，只要用相邻时刻之间的平均位置代替 $x(t)$ 即可：

$$x(t) = \frac{x_n + x_{n+1}}{2}$$

注意我用 $\dfrac{x_{n+1}-x_n}{\Delta t}$ 代替拉格朗日函数中所有的 $\dot{x}$，并且用 $\dfrac{x_n+x_{n+1}}{2}$ 代替 x。

对所有微小区间的作用量进行求和得到总作用量，公式（2）可写成：

$$A=\sum_n L\left(\frac{x_{n+1}-x_n}{\Delta t},\frac{x_n+x_{n+1}}{2}\right)\Delta t \qquad (3)$$

我已经以显式把作用量分解成它的分量形式，这和编写计算机程序并计算它很类似。

下面我们通过扰动任意 x_n 的值并以令扰动后作用量变化等于 0 的方式最小化作用量。我们用 x_8 举例（用其他任意区间端点也可以）。这看起来很复杂，但是注意到 x_8 只在公式（3）的两项中出现，这两项是：

$$A=L\left(\frac{x_9-x_8}{\Delta t},\frac{x_8+x_9}{2}\right)\Delta t+L\left(\frac{x_8-x_7}{\Delta t},\frac{x_7+x_8}{2}\right)\Delta t$$

下面我们需要做的就是对 x_8 求导。注意到 x_8 在上式的两项中以两种形式出现，它既与速度 $\dot{x}$ 相关，也与位置 x 相关。A 对于 x_8 的导数是：

$$\frac{\partial A}{\partial x_8}=\frac{1}{\Delta t}\left(-\left.\frac{\partial L}{\partial \dot{x}}\right|_{n=9}+\left.\frac{\partial L}{\partial \dot{x}}\right|_{n=8}\right)+\frac{1}{2}\left(\left.\frac{\partial L}{\partial x}\right|_{n=8}+\left.\frac{\partial L}{\partial x}\right|_{n=9}\right)$$

符号 $|_{n=8}$ 表示在离散时刻 $n=8$ 处计算函数值。

为了最小化 x_8 的变化产生的作用量，我们令 $\dfrac{\mathrm{d}A}{\mathrm{d}x}$ 等于 0。但在这之前，我们观察一下当 $_{\Delta t}$ 趋近于 0 时 $\dfrac{\mathrm{d}A}{\mathrm{d}x}$ 的极限是多少。从第一项开始：

$$\frac{1}{\Delta t}\left(-\left.\frac{\partial L}{\partial \dot{x}}\right|_{n=9}+\left.\frac{\partial L}{\partial \dot{x}}\right|_{n=8}\right)$$

这一项的形式是，两个在相邻时刻 $n=8$ 和 $n=9$ 计算得到的量的差值除以它们之间的间隔。很明显，这项将趋近于一个导数，即：

$$\frac{1}{\Delta t}\left(-\left.\frac{\partial L}{\partial \dot{x}}\right|_{n=9}+\left.\frac{\partial L}{\partial \dot{x}}\right|_{n=8}\right)\to -\frac{\mathrm{d}}{\mathrm{d}t}\frac{\partial L}{\partial \dot{x}}$$

第二项：

$$\frac{1}{2}\left(\left.\frac{\partial L}{\partial x}\right|_{n=8}+\left.\frac{\partial L}{\partial x}\right|_{n=9}\right)$$

它的极限同样简单。这一项等于 $\dfrac{\partial L}{\partial x}$ 在相邻时刻计算结果相加的一半，当两个相邻时刻的区间趋近于 0 时，它的极限就等于 $\dfrac{\partial L}{\partial x}$。

条件 $\dfrac{\partial A}{\partial x_8}=0$ 成为欧拉 – 拉格朗日方程:

$$\frac{\mathrm{d}}{\mathrm{d}t}\frac{\partial L}{\partial \dot{x}}-\frac{\partial L}{\partial x}=0 \tag{4}$$

本讲经典力学练习

练习 1: 证明公式 (4) 是牛顿运动方程 $F=ma$ 的另一
种形式。

多自由度情况下推导过程本质上与上面一样,对于每个
坐标 x_i 都有一个欧拉 – 拉格朗日方程:

$$\frac{\mathrm{d}}{\mathrm{d}t}\frac{\partial L}{\partial \dot{x}_i}-\frac{\partial L}{\partial x_i}=0$$

这个结果说明,质点不需要有在决定走哪条路径之前感
知所有路径的魔法。在运动轨迹上的每一处,质点只需要最
小化两个时刻之间的作用量。**最小作用量原理是每个瞬时时
刻对应的微分方程,这些时刻决定了质点瞬时的未来。**

多质点与多维度

假设总共有 N 个坐标，将它们记作 x_i。系统的运动用 N 维空间中的轨迹或轨道（orbit）描述。为了更好地描述问题，我们可以增加时间维度，并把轨道看作一条 $N+1$ 维路径。轨迹的始端是点集 $x_i(t_0)$，末端是另一个点集 $x_i(t_1)$。$N+1$ 维空间中的轨道用所有坐标 $x_i(t)$ 描述，它们是关于时间的函数。

多自由度最小作用量原理与单自由度情况下本质上没有区别。拉格朗日函数是动能减势能：

$$L = \sum_i \left(\frac{1}{2} m_i \dot{x}_i^2 \right) - V(\{x\})$$

作用量与之前相同，是拉格朗日函数的积分：

$$A = \int_{t_0}^{t_1} L(\{x\}, \{\dot{x}\}) \, dt \qquad (5)$$

并且最小（平稳）作用量原理说明运动轨迹使作用量最小。

当有多个变量时，我们可以用多种方法对轨迹进行扰动，例如我们可以扰动 $x_1(t)$ 或 $x_2(t)$ 等。就像最小化多变量函数一样：每个变量都对应一个方程。最小化欧拉－拉格朗日方程也是这样，每个变量 x_i 对应一个方程，每个方程都具有与方程（4）相同的一般形式：

$$\frac{\mathrm{d}}{\mathrm{d}t}\left(\frac{\partial L}{\partial \dot{x}_i}\right)=\frac{\partial L}{\partial x_i} \qquad (6)$$

本讲经典力学练习

练习2： 证明公式（6）是牛顿运动方程 $F_i = m_i\ddot{x}_i$ 的另一种形式。

最小作用量的优势

使用最小作用量原理有两个主要原因。第一个原因是，它简洁地概括了关于系统的一切。它把所有参数（例如质量和力）和所有运动方程概括成一个函数——拉格朗日函数。只要知道了拉格朗日函数，余下的未知量只剩初始条件。这是一种进步：**用一个函数概括任意自由度系统的运动**。在未来的书中，我们会发现所有理论——包括麦克斯韦电动力学理论、爱因斯坦引力理论、基本粒子标准模型都可以用拉格朗日函数描述。

使用最小作用量原理的第二个原因是拉格朗日力学公式的实用优势。我们通过一个例子说明。假设我们想要用其他坐标，又或者在运动中或加速运动中的参照系中写牛顿运动方程。

假设有一个一维单质点情况，从静止的观测者角度看，它满足牛顿定律。这位静止的物理学家——列尼使用坐标 x 确定这个物体的位置。

另一位物理学家——乔治正在相对列尼运动，他想知道如何相对他自己的坐标确定这个物体的位置。首先，讨论乔治的坐标有什么含义？因为乔治正在相对列尼运动，他的坐标系原点也相对列尼的原点运动。这可以简单地通过把列尼的坐标系 x 换成乔治的坐标系 X 来描述。

我们可以这样做。在任意时刻 t，列尼在 $x+f(t)$ 处定位乔治的原点，其中 f 是描述乔治如何相对列尼运动的函数。在 t 时刻发生的一个事件，列尼给它赋以坐标 x，乔治赋以 X，其中：

$$X = x - f(t)$$

当列尼看到一个质点沿着轨迹 $x(t)$ 运动，乔治看到相同的质点沿着轨迹 $X = x(t) - f(t)$ 运动。如果乔治不想一直询问列尼看到的轨迹是怎样的，那么他就需要在他的坐标系中用自己的运动定律来描述质点的运动。最简单的办法是利用最小作用量原理，或欧拉－拉格朗日方程将运动方程从一个坐标系变换到另一个。

根据列尼的观测，轨迹的作用量是：

$$A = \int_{t_0}^{t_1} \left(\frac{1}{2} m\dot{x}^2 - V(x) \right) \mathrm{d}t \qquad (7)$$

我们同样可以在乔治的坐标系中写出作用量，方法是把 $\dot{x}$ 写成 $\dot{X}$ 的形式：

$$\dot{x} = \dot{X} + \dot{f}$$

我们把这个式子代入公式（7），得到：

$$A = \int_{t_0}^{t_1} \frac{1}{2} m\left(\dot{X} + \dot{f} \right)^2 - V(X) \mathrm{d}t$$

势能 $V(X)$ 表示列尼也会使用的势能，它在物体的位置处计算，但是用乔治的坐标表达——同样的位置、不同的标签而已。现在我们知道了在 X 坐标系中的拉格朗日函数：

$$L = \frac{1}{2} m \left(\dot{X} + \dot{f} \right)^2 - V(X)$$

我们可以把平方项展开：

$$L = \frac{1}{2} m \left(\dot{X}^2 + 2\dot{X}\dot{f} + \dot{f}^2 \right) - V(X) \qquad (8)$$

乔治如何处理公式（8）？他写出了欧拉-拉格朗日方程：

$$m\ddot{X} + m\ddot{f} = -\frac{\mathrm{d}V}{\mathrm{d}X}$$

或者，稍加重新整理：

$$m\ddot{X} = -\frac{\mathrm{d}V}{\mathrm{d}X} - m\ddot{f}$$

得到这个结果并不奇怪。乔治观测到了一个额外的等于 $-m\ddot{f}$ 的施加在物体上的"虚拟"力。这个推导过程很有趣：我们直接从拉格朗日函数入手，而不是对运动方程进行变换。

我们再来看一个例子。这次乔治在一个正在旋转的旋转木马上。列尼的坐标系由 x 和 y 组成。乔治的坐标系由 X 和 Y 组成，并且坐标系随旋转木马一起旋转。两个坐标系的关系是：

$$x = X\cos\omega t + Y\sin\omega t$$
$$y = -X\sin\omega t + Y\cos\omega t \tag{9}$$

两位观察者看到一个质点在平面上运动。我们假设列尼观察到质点运动时没有力施加在上面。他用作用量原理描述质点运动，拉格朗日函数是：

$$L = \frac{m}{2}\left(\dot{x}^2 + \dot{y}^2\right) \tag{10}$$

我们想要用乔治的正在旋转的坐标系表达作用量，然后用欧拉－拉格朗日方程找到运动方程。我们已经知道在列尼的坐标系中的作用量，接下来需要做的是用乔治坐标系下的变量表达列尼坐标系中的速度。将公式（9）对时间求导：

$$\dot{x} = \dot{X}\cos\omega t - \omega X\sin\omega t + \dot{Y}\sin\omega t + \omega Y\cos\omega t$$
$$\dot{y} = -\dot{X}\sin\omega t - \omega X\cos\omega t + \dot{Y}\cos\omega t - \omega Y\sin\omega t$$

利用 $\sin^2+\cos^2=1$ 以及一点代数运算，我们得到 $\dot{x}^2 + \dot{y}^2$：

$$\dot{x}^2 + \dot{y}^2 = \dot{X}^2 + \dot{T}^2 + \omega^2\left(X^2+Y^2\right) + 2\omega\left(\dot{X}Y - \dot{Y}X\right) \tag{11}$$

下面把公式（11）代入列尼的拉格朗日函数，即公式（10），得到乔治的拉格朗日函数。得到的是相同的拉格朗日函数，只是在乔治的坐标系中表达：

$$L = \frac{m}{2}\left(\dot{X}^2 + \dot{Y}^2\right) + \frac{m\omega^2}{2}\left(X^2 + Y^2\right) + m\omega\left(\dot{X}Y - \dot{Y}X\right) \quad （12）$$

我们考察公式（12）与（10）的不同。第一项 $\frac{m}{2}\left(\dot{X}^2 + \dot{Y}^2\right)$ 很面熟——它就是乔治所说的动能。注意到如果角速度等于 0，公式（12）就只剩这一项。第二项 $m\omega^2\left(X^2 + Y^2\right)$ 是旋转带来的新产物。它对乔治来说类似一个势能：

$$V = -m\omega^2\left(X^2 + Y^2\right)$$

可以明显地看到它造成了一个与旋转中心距离成正比的指向外部的力：

$$\vec{F} = m\omega^2 \vec{r}$$

这就是离心力。

公式（12）的最后一项有些陌生。它被称作科里奥利[1]

---

[1] 科里奥利（Coriolis）：法国数学家、物理学家，是对动能和功给出确切的现代定义的第一人。现代电子设备（如手机）中的陀螺仪就是利用科里奥利力辅助空间定位。——译者注

力（Coriolis force）。我们可以求解欧拉－拉格朗日方程来观察它怎样作用。我们得到：

$$m\ddot{X} = m\omega^2 X - 2m\omega\dot{Y}$$
$$m\ddot{Y} = m\omega^2 Y + 2m\omega\dot{X}$$

这看起来就是包含离心力和科里奥利力的牛顿方程。注意到出现了一些新形式的力学定律。科里奥利力的分量：

$$F_X = -2m\omega\dot{Y}$$
$$F_Y = 2m\omega\dot{X}$$

不仅依赖于质点的位置，还依赖于其速度。科里奥利力是一种速度相关力。

---

^{The} Theoretical
Minimum

本讲经典力学练习

练习 3： 利用欧拉－拉格朗日方程从上面的拉格朗日函数中推导运动方程。

这个练习的主要目的不仅在于推导离心力和科里奥利力，更在于展示如何通过简单地重写新坐标系下的拉格朗日函数，将一个力学问题从一个坐标系变换到另一个。目前为止这是进行变换的最简单方法——比直接尝试变换牛顿方程简单很多。

另一个例子我们留给你来完成，试将乔治的运动方程变换到极坐标下：

$$X = R\cos\theta$$
$$Y = R\sin\theta$$

练习 4： 推导在极坐标下乔治的拉格朗日函数和欧拉 - 拉格朗日方程。

广义坐标和广义动量

笛卡儿坐标系并不具有一般性。有很多种坐标系可供选择用来描述任意力学系统。当我们想要研究某物体在球形表面运动的问题——比如地球表面时，笛卡儿坐标系并不方便：直观的坐标是两个角度——经度和维度。更一般的例子是某物体在一般曲面（例如一片丘陵地带）上滚动的运动问题。这时，甚至可能没有任何特殊适用的坐标集合。这就是为什么在广义上建立适用于任何坐标系的经典力学方程如此重要。

考虑有这样一个抽象问题，其中系统由一个广义坐标集合指定。我们通常把符号 x_i 留给笛卡儿坐标系。广义坐标系用 q_i 表示。q_i 可以是笛卡儿坐标系、极坐标系或其他我们能想到的坐标系。

我们还需要指定广义速度，抽象而言就是广义坐标对于时间的导数。系统初始状态由广义坐标和广义速度的集合 $(q_i, \dot{q}_i)$ 组成。

在广义坐标系中，运动方程也许复杂，但是作用量原理一直适用。所有经典物理学系统——甚至包括波和场都可以用拉格朗日函数描述。有时拉格朗日函数通过先前的知识计算得到。例如，已知列尼的拉格朗日函数，求解乔治的拉格朗日函数。有时拉格朗日函数基于某种理论先验知识或原理猜测得到，有时通过实验推测得到。但无论我们如何得到它，拉格朗日函数都简洁地整合了所有运动方程。

为什么所有系统都用作用量原理和拉格朗日函数描述？这个问题不好回答，它的答案和经典物理学的量子起源、能量守恒原理联系紧密。我们暂时承认所有已知经典物理学系统都可以使用作用量原理描述。

拉格朗日函数 $L = L(q_i, \dot{q}_i)$ 是广义坐标和广义速度的函数。作用量满足：

$$\delta A = \delta \int_{t_0}^{t_1} L(q_i, \dot{q}_i) \mathrm{d}t = 0$$

这意味着方程具有欧拉 – 拉格朗日形式。对于广义经典运动问题，每个广义坐标 q_i 都对应一个方程：

$$\frac{\mathrm{d}}{\mathrm{d}t}\left(\frac{\partial L}{\partial \dot{q}_i}\right) = \frac{\partial L}{\partial q_i} \tag{13}$$

就这样，我们简洁地概括了所有经典物理学。如果你知道所有广义坐标 q_i 和拉格朗日函数，你就知道了一切。

我们仔细看看本讲公式（13）等号两端，从 $\dfrac{\partial L}{\partial \dot{q}_i}$ 开始，暂时假设广义坐标 q_i 表示某质点的笛卡儿坐标，L 是动能减去势能的差。这个情况下，拉格朗日函数包括 $\dfrac{m}{2}\dot{x}^2$ 并且 $\dfrac{\partial L}{\partial \dot{q}_i}$ 等于 $m\dot{x}$——也就是动量在 x 轴的分量。我们称 $\dfrac{\partial L}{\partial \dot{q}_i}$ 为广义坐标 q_i 的广义共轭动量（generalized momentum conjugate to q_i），或 q_i 的共轭动量（conjugate momentum）。

共轭动量的概念超越了动量等于质量乘以速度的简单意义。也许你不认识用拉格朗日函数求得的共轭动量，但它如

下定义:

$$p_i = \frac{\partial L}{\partial \dot{q}_i}$$

p_i 表示广义动量。

有了这个定义,欧拉 – 拉格朗日方程可以写成:

$$\frac{\mathrm{d}p_i}{\mathrm{d}t} = \frac{\partial L}{\partial q_i}$$

我们来做几个例题,从一个极坐标描述的质点开始。这个例子中,q_i 表示半径 r 和角度 θ。利用本讲练习 4 的结果得到拉格朗日函数:

$$L = \frac{m}{2}\left(\dot{r}^2 + r^2\dot{\theta}^2\right)$$

r 的广义共轭动量(r 动量)是:

$$p_r = \frac{\partial L}{\partial \dot{r}} = m\dot{r}$$

对应的运动方程是:

$$\frac{\mathrm{d}p_r}{\mathrm{d}t} = \frac{\partial L}{\partial r} = mr\dot{\theta}^2$$

利用 $\dot{p} = m\ddot{r}$ 并消去等号两边的 m，我们可以把该方程写成：

$$\ddot{r} = r\dot{\theta}^2$$

角度 θ 的运动方程很有趣。首先考虑 θ 的共轭动量：

$$p_\theta = \frac{\partial L}{\partial \dot{\theta}} = mr^2\dot{\theta}$$

这个结果应该很面熟：它是质点的角动量（angular momentum）。角动量和 p_θ 相同。

下面推导 θ 的运动方程。因为 θ 不出现在拉格朗日函数里，等号右边等于 0。我们有：

$$\frac{\mathrm{d}p_\theta}{\mathrm{d}t} = 0 \tag{14}$$

也就是说，角动量守恒。公式（14）还可以写成：

$$\frac{\mathrm{d}}{\mathrm{d}t}\left(mr^2\dot{\theta}\right) = 0 \tag{15}$$

可以看到 $r^2\dot{\theta}$ 是常数。这就是为什么当质点接近圆心时角速度增大。

本讲经典力学练习

练习 5: 利用以上结果预测长度为 *l* 的单摆的运动。

循环坐标

正如我们刚刚看到的,有时候某些坐标并不出现在拉格朗日函数中,而它们对应的速度却出现其中。这样的坐标被称作循环坐标(cyclic coordinate)——我也不知道为什么这么称呼[①]。

我们知道的是改变循环坐标值,拉格朗日函数保持不变。当某坐标是循环坐标的时候,对应的共轭动量守恒。角动量是一个例子,另外一个例子是(线性)动量。用一个单质点的拉格朗日函数举例:

$$L = \frac{m}{2}\left(\dot{x}^2 + \dot{y}^2 + \dot{z}^2\right)$$

---

① 在力学系统中,角度坐标一般是不包含在拉格朗日函数中的,而在直观上角度随时间的变化呈现出一种"循环"的形式,"循环坐标"的说法或许由此得来。——译者注

没有任何一个坐标出现在拉格朗日函数中，所以它们都是循环的（需要指出的是，这些坐标没有实际的"循环"意义——只是一种称呼而已）。因此，所有动量分量都守恒。如果拉格朗日函数中包括依赖坐标的势能，那么动量守恒就不满足了。

我们再举一例：两个质点沿一条直线运动，系统势能依赖于它们之间的距离。为了简便，我们令两个质点的质量相等，但是这不会改变这个例子的一般性。我们把两个质点位置记作 x_1 和 x_2。拉格朗日函数是：

$$L = \frac{m}{2}\left(\dot{x}_1^2 + \dot{x}_2^2\right) - V\left(x_1 - x_2\right) \qquad (16)$$

这个拉格朗日函数依赖于 x_1 和 x_2，它们都不是循环坐标，对应的动量不守恒。

但是我们忽略了一个重点。我们做一个坐标变换，定义 x_+ 和 x_-：

$$x_+ = \frac{\left(x_1 + x_2\right)}{2}$$
$$x_- = \frac{\left(x_1 - x_2\right)}{2}$$

我们可以容易地重写拉格朗日函数。动能是：

$$T = m\left(\dot{x}_+^2 + \dot{x}_-^2\right)$$

本讲经典力学练习

练习 6：推导这个动能表达式。

重点是，势能只依赖于 x_-。拉格朗日函数成为：

$$L = m\left(\dot{x}_+^2 + \dot{x}_-^2\right) - V\left(x_-\right)$$

也就是说，有一个隐含的循环坐标 x_+。这意味着 x_+ 的共轭动量（记作 p_+）守恒。可以很容易看到 p_+ 就是总动量：

$$p_+ = 2m\dot{x}_+ = m\dot{x}_1 + m\dot{x}_2$$

下一讲的重点不是关于循环坐标，而是关于对称性。

The Theoretical Minimum

第 7 讲

对称性和守恒定律

lecture 7
Symmetries and Conservation Laws

The
Theoretical
Minimum

　　列尼对查地图感到困扰。他感觉似乎他面向的方向就是北方。他很苦恼，因为对他来讲，辨别东南西北比辨别上下要困难得多（他几乎总能正确地分辨上下）。

预备知识

对称性（symmetry）和守恒定律（conservation law）之间的关系是现代物理学的主题之一。我们从几个简单系统的守恒定律例子入手。乍看起来，某些物理量的守恒性似乎是巧合，几乎不涉及深刻的原理。但是，我们的目标不是辨认出恰巧守恒的物理量，而是找到藏在守恒性背后的一系列深刻的原理。

我们首先讨论第 6 讲最后出现的公式（16）。但是，我们在这里去掉"质点沿直线运动"的约束，它可以是任何具有两个坐标的系统：质点、场、旋转刚体等。为了强调这种更广义的条件，用 q 而不是 x 表示坐标。并且，我们写出具有相似形式（但不完全相同）的拉格朗日函数：

$$L = \frac{1}{2}\left(\dot{q}_1^2 + \dot{q}_2^2\right) - V\left(q_1 - q_2\right) \tag{1}$$

其中，势能 V 是一个变量组合——$(q_1 - q_2)$ 的函数。我们用 V' 表示势能 V 的导数。运动方程是：

$$\dot{p}_1 = -V'(q_1 - q_2)$$
$$\dot{p}_2 = +V'(q_1 - q_2)$$
(2)

本讲经典力学练习

练习1：推导上面公式（2）并解释符号相反的原因。

我们将公式（2）的两个方程相加，可以发现 $\dot{p}_1 + \dot{p}_2$ 守恒。

接下来，我们讨论稍复杂一些的情况。令势能是 q_1 和 q_2 线性组合的函数，而不是 $(q_1 - q_2)$ 的函数，这个线性组合记作 $(aq_1 - bq_2)$。势能函数是：

$$V(q_1, q_2) = V(aq_1 - bq_2)$$
(3)

这种情况下，运动方程是：

$$\dot{p}_1 = -aV'\left(aq_1 - bq_2\right)$$
$$\dot{p}_2 = +bV'\left(aq_1 - bq_2\right)$$

这似乎违反了守恒定律，因为将这个公式的两个方程相加不能得出 $\dot{p}_1 + \dot{p}_2$ 守恒。

但实际上并非如此，因为守恒定律只是稍稍换了个形式。把上面公式中的第一个方程乘以 b、第二个方程乘以 a，再把结果相加，就可以得到 $b\dot{p}_1 + a\dot{p}_2$ 守恒。

本讲经典力学练习

练习 2: 解释为何 $b\dot{p}_1 + a\dot{p}_2$ 守恒。

另外，假设势能是 q 的其他更一般的组合形式，例如 $q_1+q_2^2$。对于这种组合，不存在守恒。那么，有没有判断准则？如同判断是否存在守恒定律。答案可以在差不多100

年前德国数学家艾米·诺特（Emmy Noether）[1] 的工作成果中找到。

对称性例子

令坐标值从 q_i 变化到 q_i'。每个 q_i' 都是原坐标 q 的函数：

$$q_i' = q_i'(q_i)$$

有两种方法描述坐标值的改变。第一种叫作被动法（passive），这种方法对系统不做任何改动，只是重新标记构形空间的点。

例如，假设 x 轴用刻度 $x = \cdots, -1, 0, 1, 2\cdots$ 标记，在 $x = 1$ 处有一个质点。现在，假设你要进行坐标变换：

$$x' = x + 1 \tag{4}$$

根据被动法，这个变换清除所有原来的标记，并用新的

---

① 艾米·诺特，德国数学家。她的工作成果之一诺特定理（Noether's theorem）证明了连续对称性和守恒定律的一一对应。——译者注

坐标值取而代之。原来记作 $x=0$ 的点现在成为 $x'=1$；原来记作 $x=1$ 的点现在成为 $x'=2$，依此类推。但是，质点还在原来的位置（如果它之前在 $x=1$，那么新的标记使它位于 $x'=2$），只是标记值改变了。

第二种方法叫作主动法（active），它不重新标记点。这种方法可以解释为一种指令：无论质点在哪里，将它向右移动 1 个单位。也就是说，它是一种将系统在构形空间中真实地移动到新位置的指令。

在下文中，我们采用主动法。当改变坐标值的时候，都意味着真实地将系统转移到构形空间中的新的位置上。总之，当我们进行坐标变换时，系统真实地发生改变。例如，如果我们移动某个物体，那么势能可能改变——也意味着拉格朗日函数可能改变。

现在，我可以解释对称性的含义。"对称"是一种不改变拉格朗日函数值的主动法坐标变换。实际上，无论系统位于构形空间的哪个位置，这种坐标变换都不会改变拉格朗日函数。

我们举一个最简单的例子——单自由度拉格朗日函数：

$$L = \frac{1}{2}\dot{q}^2$$

假设我们改变坐标 q，将其移动 δ。也就是说，所有构形都用被移动后的坐标 q 表示的构形取代（如图 7-1 所示）。

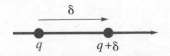

图 7-1　将某个点的坐标 q 移动 δ

如果改变量 δ 不依赖于时间（正如我们假设的），那么速度 $\dot{q}$ 就保持不变。并且，最重要的是，拉格朗日函数也不变。也就是说，对于改变：

$$q \rightarrow q + \delta \tag{5}$$

拉格朗日函数的改变是 $\delta L=0$。

在公式（5）中，δ 可以是任意值。稍后，当我们考虑基于无穷小增量的变换的时候，符号 δ 将会被用来表示无穷小量。但是，暂时不对它的定义做严格规定。

在之前的例子中，我们还可以考虑含有势能 $V(q)$ 的更复杂的拉格朗日函数。除非势能是独立于 q 的常数，否则拉格朗日函数将随 q 改变。那样的话，变换就不具有对称性了。通过将坐标与常数相加使系统在空间中移动而产生的对称性被称作平移对称性（translation symmetry），我们将会着重讨论它。

现在，观察公式（2）。假设我们改变 q_1，但 q_2 维持不变。这种情况下，因为势能发生变化，所以拉格朗日函数也会改变。但是，如果我们同时改变 q_1 和 q_2，并且改变量相同，那么，q_1-q_2 不变，拉格朗日函数也不会变化。对于改变：

$$q_1 \rightarrow q_1 + \delta$$
$$q_2 \rightarrow q_2 + \delta \qquad (6)$$

拉格朗日函数是不变的（invariant）。

我们说，对于公式（6）产生的变换，拉格朗日函数具有对称性。这又是一个平移对称性的例子，但是在这个例子中，为了获得对称性，我们必须同时移动两个质点并保持它们之间的距离不变。

对于公式（3）的一种更复杂的变化，即势能表示为 aq_1+bq_2 的函数，对称性就不明显了。变换形式如下：

$$q_1 \rightarrow q_1 + b\delta$$
$$q_2 \rightarrow q_2 - a\delta \qquad (7)$$

本讲经典力学练习

练习3：证明当考虑公式（7）对应的变换时，依赖于 $aq_1 + bq_2$ 的拉格朗日函数是不变的。

如果势能是更复杂组合的函数，对称性就不会总是显而易见了。我们再次回到笛卡儿坐标系，用质点在 x、y 平面上运动的例子讨论一种更复杂的对称性。我们假设质点受仅依赖于距原点距离的势能影响，势能函数是：

$$L = \frac{m}{2}\left(\dot{x}^2 + \dot{y}^2\right) - V\left(x^2 + y^2\right) \qquad (8)$$

显然公式（8）具有对称性。想象将构形绕原点转动 θ 角度（如图7-2所示）。

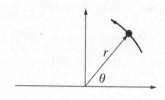

图 7-2　转动 θ 角度

　　因为势能只是质点距原点距离的函数，所以它不会因为系统绕原点转动一个角度而改变。而且，动能也不会因为这个转动而改变。问题是，我们怎样描述这种转动？答案很明显，转动坐标系：

$$x \rightarrow x\cos\theta + y\sin\theta$$
$$y \rightarrow -x\sin\theta + y\cos\theta$$

（9）

其中 θ 表示任意角度。

　　现在，我们要讨论平移变换和转动变换的关键问题。变换可以通过微小的增量进行——无穷小增量。例如，你可以把一个质点从 x 移动到 $x+\delta$，而不是从 x 到 $x+1$。这里，我用 δ 表示无穷小量。实际上，你可以用非常多具有 δ 大小的微小增量步构造原来的位移 $x \rightarrow x+1$。对于转动变换也可以这样处理：你可以将系统转动一个无穷小的角度，然后重复这个过程，最终会得到一个有限大的转动。类似这样的变换被称作连续的（continuous）：它依赖于一个连续的参数（比如转动角度），而且，你可以令这个参数无穷小。这是一个有利的条件，因为我们可以集中注意力研究无穷小增量的情况，进而探索所有连续对称性的现象。

因为有限大的变换可以通过无穷小增量构成，所以在研究对称性的时候，只考虑坐标发生很小改变的变换即可——这就是所谓的无穷小变换（infinitesimal transformation）。我们考察用无穷小转角 δ 替换 θ，公式（9）会发生什么变化。对于 δ 的一阶无穷小量，有：

$$\cos\delta = 1$$
$$\sin\delta = \delta$$

回想一下，对于小转角，有 $\sin\delta = \delta$ 和 $\cos\delta = 1 - \frac{1}{2}\delta^2$。因此，对于一阶无穷小改变项，它在余弦表达式中消失，它的正弦值是 δ。

公式（9）表示的转动变换化简成：

$$x \rightarrow x + y\delta$$
$$y \rightarrow y - x\delta$$

（10）

同样地，你可以发现速度分量也发生变化。将公式（10）对时间求导：

$$\dot{x} \rightarrow \dot{x} + \dot{y}\delta$$
$$\dot{y} \rightarrow \dot{y} - \dot{x}\delta \qquad\qquad (11)$$

另一种表达无穷小变换效果的方式是集中考虑坐标的变化，并写出：

$$\delta x = y\delta$$
$$\delta y = -x\delta \qquad\qquad (12)$$

用简单的微积分计算就可以证明拉格朗日函数不随 δ 的一阶无穷小变化。

---

^{The} Theoretical
Minimum

本讲经典力学练习

练习 4：证明上面的这个结论。

需要强调的是，如果势能不是质点到原点距离的函数，那么拉格朗日函数就不是相对无穷小转动的不变量了。这一点非常重要，它可以用一些可以显式表达的例子证明。一个简单的例子是，势能不依赖于 y，而依赖于 x。

更广义的对称性

我们在讨论对称性和守恒定律之间的关系之前，先来讨论对称性的广义表达形式。假设某抽象动力学系统的坐标是 q_i，无穷小变换的广义概念表示这种变换是坐标的微小改变，它本身可能依赖于坐标值。我们用无穷小参数 δ 将这种改变参数化，形式是：

$$\delta q_i = f_i(q)\delta \tag{13}$$

这个公式表明，每个坐标的改变量与 δ 成比例，但是比例系数取决于质点所在的构形空间位置。在公式（6）对应的例子中，f_1 和 f_2 的值都等于 1。在公式（7）对应的例子中，$f_1=a$、$f_2=-b$。但是，在公式（12）对应的转动变换的更复杂的例子中，f 不是常数：

$$f_x = y$$
$$f_x = -x$$

如果我们想要知道速度的改变进而计算拉格朗日函数的改变的话，只需将公式（13）对时间求导数。经过简单的微积分运算，可以得到：

$$\delta \dot{q}_i = \frac{\mathrm{d}}{\mathrm{d}t}(\delta q_i) \tag{14}$$

从公式（12）可以得到：

$$\delta \dot{x} = \dot{y}\delta$$
$$\delta \dot{y} = -\dot{x}\delta \qquad (15)$$

现在，我们可以重新定义考虑无穷小量情况下的对称性。连续对称性是坐标的无穷小变换，并且该变换不改变拉格朗日函数。可以很容易地检查拉格朗日函数在连续变换下是否为不变量：检查拉格朗日函数对一阶无穷小变化是否等于 0。如果是，那么它就具有对称性。

下面，我们来看看对称性的重要性。

对称性的重要性

我们接下来计算当 q_i 按照公式（13）改变、$\dot{q}_i$ 按照公式（14）改变时，拉格朗日函数 $L(q, \dot{q})$ 的改变量。我们将由 q 改变引起的拉格朗日函数的改变量和由 $\dot{q}$ 改变引起的改变量进行求和：

$$\delta L = \sum_i \left(\frac{\partial L}{\partial \dot{q}_i} \delta \dot{q}_i + \frac{\partial L}{\partial q_i} \delta q_i \right) \qquad (16)$$

接下来，我们要变一个"魔术"，请看仔细。首先，要记住 $\dfrac{\partial L}{\partial \dot{q}_i}$ 是 q_i 的共轭动量，用 p_i 表示。公式（16）的第一项可以代换为 $\sum\limits_i p_i \delta \dot{q}_i$，对第二项也用这种替换。为了进行这种类型的计算，我们假设系统沿着满足欧拉 – 拉格朗日方程的轨迹演化，即：

$$\frac{\partial L}{\partial q_i} = \frac{\mathrm{d}p_i}{\mathrm{d}t}$$

将这两个替换入公式（16），我们得到拉格朗日函数的改变量：

$$\delta L = \sum_i \left(p_i \delta \dot{q}_i + \dot{p}_i \delta q_i \right)$$

这个"魔术"的最后一步是应用求导的乘法法则：

$$\frac{\mathrm{d}(FG)}{\mathrm{d}t} = F\dot{G} + \dot{F}G$$

我们得到：

$$\delta L = \frac{\mathrm{d}}{\mathrm{d}t} \sum_i p_i \delta q_i$$

这个结果与对称性或守恒定律有什么联系呢？首先，从定义上讲，对称性意味着拉格朗日函数不变。因此，如果公式（13）是对称的，那么就有 $\delta L=0$，并且有：

$$\frac{\mathrm{d}}{\mathrm{d}t}\sum_i p_i \delta q_i = 0$$

但是，将公式（13）表示的对称性代入这个式子，会得到：

$$\frac{\mathrm{d}}{\mathrm{d}t}\sum_i p_i f_i(q) = 0 \qquad (17)$$

因此，公式（17）证明了守恒定律。公式（17）说明存在这样一个物理量：

$$Q = \sum_i p_i f_i(q) \qquad (18)$$

该物理量不随时间变化。也就是说，它是守恒的。这个论证是简洁而有力的。它与系统的细节无关，只与对称性的广义概念相关。接下来，我们利用这个广义概念再回头研究几个特殊例题。

例题再探索

我们把公式（18）应用到之前的例子上。在第一个例子对应的公式（1）中，由公式（12）定义的坐标变化满足 f_1、f_2 精确等于 1。我们将 $f_1 = f_2 = 1$ 代入公式（18），可以得到之前的结论：$(p_1 + p_2)$ 守恒。但是，现在我们可以得出更广义的结论：**对于任意质点系统，如果在所有质点位置同时发生平移的情况下，拉格朗日函数具有不变性，那么系统动量守恒**。实际上，这个结论对于动量的每个空间分量都成立。如果在沿 x 轴平移条件下 L 具有不变性，那么动量的 x 分量守恒。因此，我们发现牛顿第三定律——作用力等于反作用力，是对空间的深刻概括：**如果所有事物在空间中同时发生平移，那么物理定律将保持不变。**

接下来，我们考察第二个例子，其中公式（12）对应的变化暗示 $f_1 = b$、$f_2 = -a$。将这个结果代入公式（18），我们发现守恒量是 $bp_1 + ap_2$。

最后一个转动的例子更有趣。它与一个我们还没有见过的新的守恒定律相关。从公式（14），我们可以得到 $f_x = y$，$f_y = -x$。这一次，守恒量包括坐标和动量。我们将它记作 l，称作角动量。从公式（18）得到：

$$l = yp_x - xp_y$$

这里，就像之前讨论的在平移条件下一样，单质点角动量背后蕴含的深刻概念是：**对于任意质点系统，如果在所有质点位置同时绕原点发生转动的情况下，拉格朗日函数具有不变性，那么系统的角动量守恒。**

The Theoretical
Minimum

本讲经典力学练习

练习 5: 推导在 x, y 平面运动，且初始角度等于 θ、摆长等于 l 的单摆的运动方程。

到目前为止，我们列举的都是简单的例子。虽然拉格朗日函数具有优美、简洁等特点，但是它能用来解决复杂的问题吗？能否不只局限于用它讨论 $\vec{F} = m\vec{a}$？

我们来试试解决这样一个问题：双摆运动。某双摆在原点支撑并在 x, y 平面摆动。双摆连杆的质量忽略不计，摆锤（在连杆端点处的集中质量块）的质量为 M。为了简化问题，我们设定连杆长 1 米、摆锤质量为 1 千克。接下来，再拿来一个相同的单摆连接到第一个单摆的摆锤上，如图 7-3 所示。在此基础上，我们研究两种情况：重力场存在与不存在的情况。

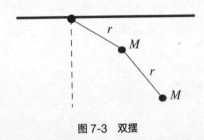

图 7-3　双摆

我们的目标不是求解运动方程。我们总能求得方程的解，即使有时需要利用计算机求方程的数值解[①]。我们的目标是写出运动方程。如果你尝试用牛顿第二定律书写运动方程，你会遇到一些棘手的问题。除此之外，你还要考虑连杆传递的力。使用拉格朗日函数法就方便很多。某种程度上，可以通过一个机械式的过程给出运动方程，步骤如下：

1.　选出能够唯一给定系统组件构形的坐标。你可以随意地选取——只要保证这些坐标足够确定组件构形，并且尽量简单。在双摆的例子中，你需要两个坐标。

_____

① 数值解是利用数值分析方法得到的近似解。——译者注

我会选择第一个摆离开竖直方向的角度 θ 作为第一个坐标。接下来，需要做出选择。应该将第二个角度（第二个摆的偏离角）按照偏离竖直方向还是相对偏离第一个摆计算？这不重要，可能某种选择会让方程简单些，但是两种选择都会得到答案。这里我选择把第二个角度 α 按照相对第一个摆偏离的角度计算。

2. 求出总动能，在这个例子中总动能是两个摆锤的动能。解决这个问题最简单的方法是暂时参照笛卡儿坐标系坐标 x，y。令 x_1，y_1 表示第一个摆锤的位置，x_2，y_2 表示第二个摆锤。下面是角度 θ，α 和坐标 x，y 之间的关系：

● **对于摆锤 1：**

$$x_1 = \sin\theta$$
$$y_1 = \cos\theta$$

● **对于摆锤 2：**

$$x_2 = \sin\theta + \sin(\alpha + \theta)$$
$$y_2 = \cos\theta + \cos(\alpha + \theta)$$

将上面的表达式对时间求导，你可以得到在笛卡儿坐标系中利用角度和角度相对时间的导数表示的速度分量。

最后，求出每个摆锤的动能 $\dfrac{m}{2}\left(\dot{x}^2+\dot{y}^2\right)$ 并相加。这个过程本来会花费一点时间，但别忘了在这个例子里我们令质量等于 1 千克，杆长等于 1 米。

第一个摆锤的动能是：

$$T_1 = \frac{\dot{\theta}^2}{2}$$

第二个摆锤的动能是：

$$T_2 = \frac{\dot{\theta}^2+\left(\dot{\theta}+\dot{\alpha}\right)^2}{2} + \dot{\theta}\left(\dot{\theta}+\dot{\alpha}\right)\cos\alpha$$

如果不考虑重力场，那么动能就是拉格朗日函数：

$$L = T_1 + T_2 = \frac{\dot{\theta}^2}{2} + \frac{\dot{\theta}^2+\left(\dot{\theta}+\dot{\alpha}\right)^2}{2} + \dot{\theta}\left(\dot{\theta}+\dot{\alpha}\right)\cos\alpha$$

如果考虑重力场，那么我们还要计算重力势能。这很容易：每个摆锤的势能等于它的海拔乘以质量 m 和重力加速度 g。总势能等于：

$$V\left(\theta,\ \alpha\right) = -g\left[2\cos\theta + \cos\left(\theta-\alpha\right)\right]$$

3. 求出各个自由度对应的欧拉－拉格朗日方程。

4. 为了后面章节内容行文方便，我们再求出各个坐标
   的共轭动量：$p_i = \dfrac{\partial L}{\partial \dot{q}_i}$。

The Theoretical
Minimum

本讲经典力学练习

练习 6：求出 θ 和 α 对应的欧拉－拉格朗日方程。

你也许想更进一步。尤其是，你也许想找出守恒量。能量通常是守恒的，总能量是 $T+V$。但是也许还有其他守恒量。寻找对称性不总是一个机械式的过程，因为你可能必须进行一些模式识别。在忽略重力的双摆例子中，还有另一个守恒定律，它遵循旋转对称性。在忽略重力场的条件下，如果你将整个系统绕原点旋转，不会有改变发生。这暗示了存在角动量守恒，但是为了找到角动量的表达式，你需要重复我们之前的步骤。这个过程需要知道共轭动量。

本讲经典力学练习

练习 7： 求出双摆的角动量表达式，并证明在不考虑重力场的条件下角动量守恒。

The Theoretical Minimum

第 8 讲
哈密顿力学与时间平移不变性

lecture 8
Hamiltonian Mechanics and
Time-Translation Invariance

The
Theoretical
Minimum

　　道科坐在酒吧里，一边喝着他经常点的饮料——啤酒奶昔，一边看报纸。这时列尼和乔治走了进来。列尼问道："道科，你在看什么呢？"

　　道科抬起头，透过眼镜看着列尼，说道："我在看这个叫爱因斯坦的家伙说的话，'疯狂就是重复不停地做同一件事，还期待有不同的结果。'你怎么看？"

　　列尼想了想，说道："就像每次我在这儿吃饭都点辣酒（chili），结果最后都会肚子痛一样？"

　　道科轻声一笑："对，就是这个意思。我看你已经开始理解爱因斯坦了。"

时间平移对称性

你可能会好奇，对能量守恒来说，对称性与守恒定律之间的联系是否也适用。答案是肯定的，不过与第 7 讲中的例子稍有不同。在第 7 讲的例子中涉及的对称性是改变坐标值 q_i。例如，平移是一种同时将系统中所有质点的笛卡儿坐标值改变相同数值的对称性。与能量守恒相关联的对称性涉及的是时间的改变。

想象对一个不受任何干扰的封闭系统进行实验。实验在 t_0 时刻以某种初始条件开始，进行一段时间并得到一些结果。接下来，在一段时间以后，重复这个实验。初始条件和实验进行时间与之前完全一致，唯一的区别是实验开始的时间，这个时间向前推到了 $t_0 + \Delta t$ 时刻。你可能会期待实验结果完全相同，改变 Δt 的开始时间对结果不会产生任何影响。如果这是真的，那么我们就称这个系统具有在时间平移（time translation）条件下的不变性。

时间平移不变性不总是成立。例如，我们居住在一个不断膨胀的宇宙中。膨胀效应对于普通实验的结果影响通常可以忽略不计，但是在原理上不能忽略。在某种精度条件下，稍后开始的实验结果与之前开始的实验会稍有不同。

下面有一个更实际的例子。假设我们研究的是一个带电质点在磁场中移动的系统。如果磁场强度是恒定的，那么质点的运动将具有时间平移不变性。但是，如果产生磁场的电流缓慢增强，那么对于具有相同初始条件的质点，在不同时间开始实验会得到不同的结果。此时，对于质点的描述不具有时间平移对称性。

具有时间平移对称性，或者缺少这种对称性，如何在力学的拉格朗日函数中体现呢？答案很简单，如果存在这种对称性，那么拉格朗日函数不显式依赖于时间。这里有很微妙的一个事实：**拉格朗日函数值可以随时间变化，但仅是因为坐标和速度随时间变化**。显式依赖于时间意味着拉格朗日函数包含时间项。用简谐振子的拉格朗日函数举例：

$$L = \frac{1}{2}\left(m\dot{x}^2 - kx^2 \right)$$

如果 m 和 k 不依赖于时间，那么这个拉格朗日函数就具有时间平移不变性。

但是，我们可以很容易地想象弹簧的弹性系数 k 由于某种原因随时间变化。例如，如果这个实验在变化的磁场中进行，那么，变化的磁场可能会对弹簧的原子产生微小的影响，进而导致 k 发生变化。这种情况下，拉格朗日函数可以写成：

$$L = \frac{1}{2}\Big[m\dot{x}^2 - k(t)x^2 \Big]$$

这就是我们所说的显式依赖于时间的形式。我们可以把它写成一般形式：

$$L = L\big(q_i,\, \dot{q}_i,\, t\big) \qquad （1）$$

其中，对 t 的依赖由控制系统行为的随时间变化的参数而产生。

有了这个概念，我们就可以给出一个对于时间平移对称性非常简洁的数学判断准则：**如果一个系统的拉格朗日函数不显式依赖于时间，那么这个系统就具有时间平移不变性。**

能量守恒

我们来看一下公式（1）对应的拉格朗日函数值是如何

随系统演变而变化的。公式中 L 的时间依赖性有三个来源。前两个是来自坐标 q 和速度 $\dot{q}$ 的时间依赖性。如果这是全部依赖时间的参数，我们可以得到：

$$\frac{\mathrm{d}L}{\mathrm{d}t} = \sum_i \left(\frac{\partial L}{\partial q_i} \dot{q}_i + \frac{\partial L}{\partial \dot{q}_i} \ddot{q}_i \right)$$

但是，如果拉格朗日显式地依赖于时间的话，上面的公式中还要加上一项：

$$\frac{\mathrm{d}L}{\mathrm{d}t} = \sum_i \left(\frac{\partial L}{\partial q_i} \dot{q}_i + \frac{\partial L}{\partial \dot{q}_i} \ddot{q}_i \right) + \frac{\partial L}{\partial t} \tag{2}$$

我们利用系统运动的欧拉 - 拉格朗日方程考察公式（2）中的各项。第一项，$\dfrac{\partial L}{\partial q_i} \dot{q}_i$ 可以写成：

$$\frac{\partial L}{\partial q_i} \dot{q}_i = \dot{p}_i \dot{q}_i$$

第二项，$\dfrac{\partial L}{\partial \dot{q}_i} \ddot{q}_i$ 可以写成：

$$\frac{\partial L}{\partial \dot{q}_i} \ddot{q}_i = p_i \ddot{q}_i$$

结合这两个公式，我们可以得到：

$$\frac{\mathrm{d}L}{\mathrm{d}t} = \sum_i \left(\dot{p}_i \dot{q}_i + p_i \ddot{q}_i \right) + \frac{\partial L}{\partial t}$$

这个公式的前两项可以进一步简化。我们采用如下的表达式：

$$\sum_i \left(\dot{p}_i \dot{q}_i + p_i \ddot{q}_i \right) = \frac{\mathrm{d}}{\mathrm{d}t} \sum_i \left(p_i \dot{q}_i \right)$$

由此得到：

$$\frac{\mathrm{d}L}{\mathrm{d}t} = \frac{\mathrm{d}}{\mathrm{d}t} \sum_i \left(p_i \dot{q}_i \right) + \frac{\partial L}{\partial t} \qquad (3)$$

注意到即使 L 不显含时间，拉格朗日函数还是由于存在第一项 $\frac{\mathrm{d}}{\mathrm{d}t} \sum_i \left(p_i \dot{q}_i \right)$ 而含有时间。这里的结论是：**不存在拉格朗日函数守恒。**

仔细观察公式（3），我们可以得到一些有趣的结论。如果按照如下形式定义一个新的量：

$$\sum_i \left(p_i \dot{q}_i \right) - L = H \qquad (4)$$

那么公式（3）可以写成非常简洁的形式：

$$\frac{\mathrm{d}H}{\mathrm{d}t} = -\frac{\partial L}{\partial t} \tag{5}$$

推导公式（5）的过程看似很复杂，但是结论却很简单。只有当拉格朗日函数显含时间的时候，新的量 H 才会随时间变化。更加有趣的描述方法是：**如果一个系统具有时间平移不变性，那么 H 守恒。**

H 被称作哈密顿函数，以哈密顿[①]名字命名。正如你所期待的，它是一个重要的函数，因为它代表系统的能量。但是，它还有更重要的意义。它是一种称作哈密顿方程（Hamiltonian formulation）的全新的力学体系的核心。这里，我们暂时通过势能场中质点运动的简单例子讨论哈密顿方程的意义。系统的拉格朗日函数是：

$$L = \frac{m}{2}\dot{x}^2 - V(x) \tag{6}$$

正则动量就是通常的动量：

$$p = m\dot{x} \tag{7}$$

---

① 威廉·卢云·哈密顿（Sin William Rowan Hamilton，1805 年 8 月 4 日—1865 年 9 月 2 日），爱尔兰数学家、物理学家及天文学家。他创立的哈密顿力学描述体系在量子力学的发展中起到了核心作用。——译者注

将公式（6）和（7）代入公式（4），可以得到 H 的定义：

$$H = \left(m\dot{x}\right)\dot{x} - \frac{m}{2}\dot{x}^2 + V\left(x\right)$$
$$= m\dot{x}^2 - \frac{m}{2}\dot{x}^2 + V\left(x\right)$$
$$= \frac{m}{2}\dot{x}^2 + V\left(x\right)$$

这里需要注意：两个与 $m\dot{x}^2$ 成比例的项合并得到通常的动能，并且势能项成为 $+V\left(x\right)$。也就是说，H 成了通常的总能量——动能加势能。

这是对于任意数量的质点都成立的一般性模式。如果拉格朗日函数是动能减势能，那么：

$$H = p\dot{q} - T + V$$
$$= T + V$$

对于有些系统来说，拉格朗日函数的形式比 $T-V$ 形式更加复杂。对于这些情况中的一些来说，我们无法清晰地分辨出动能和势能。然而，构造哈密顿函数的方法是一样的。这些系统的能量的一般定义是：能量等于哈密顿函数。并且，如果拉格朗日函数不显含时间，那么哈密顿函数守恒。

但是，如果拉格朗日函数显含时间，那么公式（5）暗

示了哈密顿函数不守恒。这种情况下，能量会发生什么？我
们用一个简单的例子来理解这个问题。考虑一个带有单位电
荷的质点，正在电容器两极板之间运动。由于极板上带电，
电容具有均匀的电场 ε（这里没有用习惯上常用的 E 而用符
号 ε，是为了避免与能量混淆）。你不需要对电学有任何了
解，只需要记住电容产生了大小等于 εx 的势能。拉格朗日
函数是：

$$L = \frac{m}{2}\dot{x}^2 - \varepsilon x$$

只要电场是恒定的，能量就守恒。但是，假设电容器正
在充电，那么 ε 也会逐渐升高。拉格朗日函数显含时间：

$$L = \frac{m}{2}\dot{x}^2 - \varepsilon(t) x$$

此时，质点的能量不再守恒。能量依赖于质点的瞬时位
置 x，并按照如下方程变化：

$$\frac{dH}{dt} = \frac{d\varepsilon}{dt} x$$

多出来的能量从何而来？答案是：来自给电容器充电的
电池。我们不深究细节，但要注意的是，当定义一个只包含
质点的系统时，只是把研究范围缩小到了更大的系统的一部

分，而这个更大的系统包括电容和电池。这些额外的设备也是由质点组成的，因此也具有能量。

让我们将整套实验器材，包括电池、电容和质点都做个周全的考虑。实验开始时电容器极板不带电而且质点在电容器极板之间的某个位置静止。某个时刻，我们闭合电路，电流流入电容器。质点此时处于一个含时的电场中，并且在实验结束时，电容器充满电、质点在电场中运动。

如果我们一个小时以后再做这个实验会发生什么？实验结果会完全一样。也就是说，整个封闭系统具有时间平移不变性，因此所有物体的能量守恒。如果我们把所有设备看作一个系统，那么这个系统具有时间平移不变性，而且总能量守恒。

然而，通常我们把整个系统划分为不同的部分，并只关注其中一个。这种情况下，如果整个系统的某些部分随时间变化，那么我们关注的那部分能量也就不再守恒。

相空间与哈密顿方程

哈密顿函数很重要，因为它可以表示能量。但是，它还具有更重要的意义：**它是改进经典力学的基础，并且在量子力学中更加重要。**

在力学的拉格朗日表达形式或作用量表达形式中，关注的重点是系统在构形空间中的轨迹。轨迹通过坐标 $q(t)$ 表示。运动方程是二阶微分方程，因此知道初始坐标还不够，还要知道初始速度。

在哈密顿体系中，关注的重点是相空间。相空间是包括坐标 q_i 和共轭动量 p_i 的空间。实际上，坐标和动量是从相同的基础上加以处理的，系统的运动用相空间中的轨迹来描述。数学上，这种描述通过一个由 $q_i(t)$ 和 $p_i(t)$ 组成的函数集实现。需要注意的是，相空间的维数是构形空间的 2 倍。

将维数翻倍能给我们带来什么好处？答案是，运动方程变成了一阶微分方程。更通俗地讲，这意味着只要知道相空间中的初始点，就可以预测系统的未来。

构建哈密顿体系的第一步是用符号 p 代替 q，这么做的目的是将哈密顿函数表示成 p 的函数。对于笛卡儿坐标系中的质点来说，动量与速度几乎是一回事，区别只在于质量系数。和往常一样，直线运动的质点是一个很好的例子。

我们从两个方程入手：

$$p = m\dot{x}$$
$$H = \frac{m\dot{x}^2}{2} + V(x) \tag{8}$$

当我们用 $\dfrac{p}{m}$ 代替速度的时候，哈密顿函数变成了 p 和 x 的函数：

$$H = \frac{p^2}{2m} + V(x)$$

在我们将运动方程写成哈密顿形式之前还要强调一点：H 对于 x 的偏导数就是 $\dfrac{\mathrm{d}V}{\mathrm{d}x}$，或者是力的负值。因此，运动方程 $F = ma$ 可以写成：

$$\dot{p} = -\frac{\partial H}{\partial x} \tag{9}$$

之前我们注意到在哈密顿体系中，坐标和动量具有相同的地位。从这一点出发，你也许会猜测存在一个和公式（9）相似的方程，其中 p 和 x 可以互换。这基本正确，但是不完全正确。正确的方程是：

$$\dot{x} = \frac{\partial H}{\partial p} \tag{10}$$

这里出现的是正号，而不是负号。

为了验证公式（10）的正确性，只需将 H 对 p 求导。从公式（8）的第二个式子可以得到：

$$\frac{\partial H}{\partial p} = \frac{p}{m}$$

其中，通过公式（8）的第一个式子知道，上式等号右边就是 $\dot{x}$。

因此，我们发现了方程的一个非常简洁的对称形式。我们有了两个运动方程，但每一个都是一阶微分方程：

$$\dot{p} = -\frac{\partial H}{\partial x}$$
$$\dot{x} = \frac{\partial H}{\partial p}$$

（11）

这是直线运动质点的哈密顿方程。在这里我直接给出任意系统的一般形式哈密顿方程，稍后将给出推导。我们从一个作为坐标和动量函数的哈密顿函数入手：

$$H = H(q_i, p_i)$$

我们可以用这个表达式将公式（11）一般化：

$$\dot{p}_i = -\frac{\partial H}{\partial q_i}$$
$$\dot{q}_i = \frac{\partial H}{\partial p_i}$$

（12）

因此，我们发现相空间的各个方向上都对应一个一阶微分方程。

我们先暂停一下，思考这些方程与本书最开始的内容有何联系。在本书开头，我们描述了物理学确定性定律会如何预测未来。公式（12）表达的是：

如果在任意时刻，你确切地知道所有坐标和动量的值以及哈密顿函数的形式，那么，哈密顿方程可以告诉你无限短时间后对应的量的数值。通过一个连续更新的过程，你可以在相空间内确定系统的运动轨迹。

简谐振子的哈密顿函数

简谐振子是迄今为止物理学中最重要的简单系统。它描述了某自由度受到扰动，并在平衡位置附近振荡的振动形式。为了讨论它的重要性，我们考虑某个自由度 q 具有势能 $V(q)$，且这个势能存在最小值。这个最小值定义了稳定平衡，当该自由度被扰动之后，它会回到平衡位置。不失一般性地，我们可以把势能最小位置定义在 $q=0$ 处。在这个位置具有最小势能的函数的一般形式可以用二次方程定义：

$$V(q) = V(0) + cq^2 \qquad (13)$$

其中，$V(0)$ 和 c 是常数。这个公式中不含 q 的线性项的原因是 $\dfrac{\mathrm{d}V}{\mathrm{d}q}$ 在势能最小位置必须等于 0。我们可以去掉 $V(0)$，因为给势能函数增加常数项对其没有影响。

公式（13）的形式还不够一般。V 可能含有任意阶次的项——例如 q^3、q^4。但是只要系统偏离 $q=0$ 很小的距离，这些高阶项相比二次项就会变得可以忽略。这个原理对于所有系统都适用：弹簧、摆、振动的声波、电磁波等。

我会将拉格朗日函数写成含有单个常数 ω 的看似特殊的形式：

$$L = \frac{1}{2\omega}\dot{q}^2 - \frac{\omega}{2}q^2 \qquad (14)$$

本讲经典力学练习

练习 1： 从拉格朗日函数 $\dfrac{m\dot{x}^2}{2} - \dfrac{k}{2}q^2$ 入手，推导当用

$q = (km)^{1/4} x$ 代换 x 时，能否得到形如公式（14）

的拉格朗日函数。k，m 和 ω 之间有什么关系？

练习 2： 利用公式（14），推导用 p 和 q 表示的哈密顿

函数。

公式（14）对应的哈密顿函数非常简单：

$$H = \frac{\omega}{2}\left(p^2 + q^2\right) \qquad (15)$$

为了将 H 写成这样的简单形式，我们把练习 1 中的变量 x 用 q 代换。

区别不同的哈密顿体系的一个特征是利用 q' 和 p' 的对称性。在简谐振子的例子中，它们几乎是完全对称的。唯一的非对称出现在公式（12）的第一个方程。单自由度的哈密顿方程是方程（11）。如果我们把哈密顿方程——即公式

（15）代入公式（12），可以得到：

$$\dot{p}_i = -\omega q$$
$$\dot{q}_i = \omega p \qquad\qquad （16）$$

如何将这两个式子与公式（14）的拉格朗日方程进行对比，才能得到结论？首先，只有一个拉格朗日方程：

$$\ddot{q} = -\omega^2 q \qquad\qquad （17）$$

其次，这个方程是二阶的，这意味着它包含对时间的二阶导数。与之相反的是，每个哈密顿方程都是一阶的。这在某种程度上意味着两个一阶方程等同于一个二阶方程。我们可以通过将公式（16）的第二个方程对时间求导，并利用第一个方程，证明这种等效性：

$$\ddot{q} = \omega \dot{p}$$

利用这个式子，我们可以用 $-\omega q$ 代替 $\dot{p}$，进而得到公式（17）：运动的欧拉－拉格朗日方程。

是否一种方程比另一种更好呢？是拉格朗日函数还是哈密顿函数能更有效地解决问题？你可以自己做出决定，但在确定答案之前请等一下。在完全清楚地了解哈密顿函数和拉格朗日函数之前，我们还要学习一些相对论和量子力学的课程。

我们回到公式（16）。通常，我们从构形空间的角度思考问题。简谐振子是沿着一个轴做往复运动的系统。但是，它同样是从相空间角度思考问题的一个非常好的切入点。简谐振子的相空间是二维空间，可以很容易地看到振子在相空间的运动轨迹是以原点为圆心的同心圆。证明很简单：回到哈密顿方程的表达式（15），因为哈密顿函数就是能量，而且它是守恒的。这样可以知道 q^2+p^2 是关于时间的常数。也就是说，相点距离原点的距离恒定，且按照固定半径做圆周运动。

实际上，公式（16）是一个绕原点、以恒定角速度 ω 做圆周运动的点的运动方程。非常有趣的是，对于相空间中的轨道而言，角速度是相同的，它与振子的能量相互独立。当相点绕原点运动时，你可以将运动投影到水平的 q 轴上，如图 8-1 所示。正如我们所预想的，投影点做往复振动运动。但是，相空间中的二维圆周运动是对振子运动的更全面的描述。通过向竖直的 p 轴投影，我们发现动量也做振荡运动。

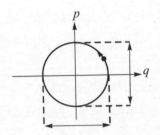

图 8-1　相空间中的简谐振子运动轨迹

　　简谐振子是一个非常简单的例子。一般情况下，系统在相空间的运动更加复杂，且更少具有对称性。但是，相点保持在恒定能量等高线的事实具有普适性。稍后我们会探索相空间中运动更一般的性质。

推导哈密顿方程

　　下面我们完成之前留下的工作：完成哈密顿方程的一般性推导。拉格朗日函数是坐标和速度的广义函数：

$$L = L\big(\{q\},\ \{\dot{q}\}\big)$$

哈密顿函数是：

$$H = \sum_i \big(p_i \dot{q}_i\big) - L$$

对哈密顿函数进行扰动会得到：

$$\delta H = \sum_i \left(p_i \delta \dot{q}_i + \dot{q}_i \delta p_i \right) - \delta L$$

$$= \sum_i \left(p_i \delta \dot{q}_i + \dot{q}_i \delta p_i - \frac{\partial L}{\partial q_i} \delta q_i - \frac{\partial L}{\partial \dot{q}_i} \delta \dot{q}_i \right)$$

如果我们将 p_i 的定义—— $p_i = \dfrac{\partial L}{\partial \dot{q}_i}$ 代入上式，那么会发现第一项和最后一项互相抵消，进而得到：

$$\delta H = \sum_i \left(\dot{q}_i \delta p_i - \frac{\partial L}{\partial q_i} \delta q_i \right)$$

我们将这个公式与多变量函数微小扰动的一般规则进行比较：

$$\delta H(\{q\},\{p\}) = \sum_i \left(\frac{\partial H}{\partial p_i} \delta p_i + \frac{\partial H}{\partial q_i} \delta q_i \right)$$

通过对比与 δq_i 和 δp_i 成比例的项，我们得到：

$$\frac{\partial H}{\partial p_i} = \dot{q}_i$$

$$\frac{\partial H}{\partial q_i} = -\frac{\partial L}{\partial \dot{q}_i}$$

（18）

还剩下最后一步，那就是将拉格朗日函数写成如下形式：

$$\frac{\partial L}{\partial \dot{q}_i} = \dot{p}_i$$

将这个公式代入公式（18）的第二个方程，我们就会得到哈密顿方程：

$$\frac{\partial H}{\partial p_i} = \dot{q}_i$$
$$\frac{\partial H}{\partial q_i} = -\dot{p}_i$$

（19）

The Theoretical Minimum

第 9 讲

相空间流体与
吉布斯 – 刘维尔定理

lecture 9
The Phase Space Fluid and the
Gibbs-Liouville Theorem

　　列尼喜欢欣赏河流，他特别喜欢看水面上向下漂浮着的一行行碎屑。他试着想象它们如何在岩石间穿行或陷入涡流。但是河流这个整体——一个大尺度的流体，它包含水的容量如此之大，它的切变、流动的分离与汇合，都超出了列尼的理解范围。

相空间流体

在研究经典力学问题时，我们会很自然地把注意力放在特定的初始条件上，并且追踪它在相空间中的轨迹。但是还有一个更宏观的图景，这个图景涵盖了全部轨迹的集合，它将所有初始点和可能的轨迹进行了可视化。不要仅限于用铅笔尖指着某一个相空间中的点然后追随它的轨迹，我们要尝试做些更有野心的事情。

想象你有无限多支铅笔，可以用它们在相空间中均匀 ① 地画出点。我们把这些点想象成填充虚拟相空间流体的质点。

接着，我们让这些点按照哈密顿方程移动：

---

① "均匀"意味着在 q, p 空间中点的密度处处相同。

$$\dot{q}_i = \frac{\partial H}{\partial p_i}$$
$$\dot{p}_i = -\frac{\partial H}{\partial q_i}$$

（1）

流体按照这个方程的描述在相空间中永不停歇地流动。

简谐振子是很适合入门的例子。在第 8 讲中我们讨论了各个点以均匀的角速度按照圆形轨道移动的问题。记住，我们在讨论相空间，不是坐标空间。在坐标空间中，振子做一维往复运动。这个流体做刚体运动，均匀地绕着相空间原点旋转。

接下来，我们回过头讨论一般的例子。如果坐标数等于 N，那么相空间和流体就是 $2N$ 维的。流体以一种非常特殊的方式流动，它的特征非常特别。其中一个特征是，如果某个点以已知能量 $H(q, p)$ 开始运动，那么它将保持这个能量。这个恒定能量（例如能量 E）构成的曲面用下面的方程定义：

$$H(q, p)$$

（2）

对于每个 E 的值，我们都有 1 个 $2N$ 维相空间变量方程，因此这些方程定义了一个 $2N-1$ 维曲面。也就是说，每个 E 对应了一个曲面。当你遍历 E 的值的时候，所构成的曲面

填充了整个相空间。你可以将相空间和公式（2）决定的曲
面想象成等高线图（如图 9-1 所示）。但是，这里的等高线
表示的不是海拔，而是能量值。如果流体的某一点在一个特
定的曲面上，那么它会一直都在那里。这就是能量守恒。

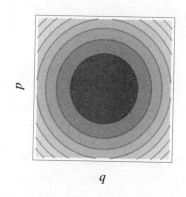

图 9-1　简谐振子能量曲面在相空间中的等高线

对于简谐振子而言，相空间是二维空间，能量曲面是一
个圆：

$$\frac{\omega}{2}\left(q^2 + p^2\right) = E \qquad (3)$$

对于一般的机械系统，能量曲面形式非常复杂而无法进
行可视化，但是原理是相同的：**能量曲面一层一层地填充相
空间，流体在能量曲面上流动，相点一直保持在它初始的曲
面上。**

一个提醒

我们暂停一下，提醒你回顾本书最开始的内容。在那个部分，我们讨论了硬币、骰子和运动定律最简单的概念。我们用一系列连接表示系统状态的点的箭头来描述运动学定律，还解释了存在可能定律和不可能定律，而且可能定律是可逆的。是什么定义了可能定律的特性？答案是：每个点都只有一个指向它的箭头，以及唯一一个从它出发指向其他点的箭头。如果在某个点处，指向它的箭头个数超出了从它出发指向其他点的箭头个数——我们称这种情况为"收敛"（convergence），那么这个定律是不可逆的。同理，当从某点出发指向其他点的箭头个数超出了指向它的箭头个数——我们称这种情况为"发散"（divergence），该定律也是不可逆的。箭头收敛和发散的情况都违反了可逆性，并且是不被允许的。到目前为止，我们还没有讨论有关这个准则的推理，现在是时候了。

流动与散度

我们来考虑几个简单流体在普通空间中流动的例子。暂时忘记相空间，只考虑一种普通的流体在坐标轴分别为 x, y, z 的三维空间中流动。流动可以用速度场（velocity field）描

述。速度场 $\vec{v}(x, y, z)$ 通过给空间中每个点指定速度向量来
定义（如图 9-2 所示）。

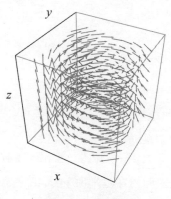

图 9-2　速度场

或者，我们可以通过定义速度的分量 $v_x(x, y, z)$，
$v_y(x, y, z)$ 和 $v_z(x, y, z)$ 来描述速度场。每个点上的速度可
能依赖于时间，但是我们暂时假设它不依赖于时间。这种情
况下，流动被称为定常（stationary）[①] 的。

我们假设流体是不可压缩（incompressible）的。这意
味着，对于给定量的流体，它会一直占据相同的体积。它同
时还会表示流体的密度——单位体积分子的数目是均匀且恒

① "定常"表示运动不与时间相关。与之对应，"非定常"（non-stationary）
表示运动与时间相关。——译者注

定的。顺便提一下，术语"不可压缩"还表示不可解压缩。也就是说，流体不能被拉伸也不能被解压缩。考虑一个定义为如下形式的微小立方体：

$$x_0 < x < x_0 + dx$$
$$y_0 < y < y_0 + dy$$
$$z_0 < z < z_0 + dz$$

不可压缩意味着：在每个这样的立方体中，流体质点的数目是恒定的。它还意味着（单位时间内）流入立方体的流体净流量必须等于 0——流入、流出立方体的流体体积相等。考虑单位时间内穿过平面 $x = x_0$ 进入立方体的分子数目，这个数目与穿过这个平面的流动速度 $v_x(x_0)$ 成正比。

如果在 x_0 处的 v_x 和在 $x_0 + dx$ 处的 v_x 相等，那么在 $x = x_0$ 处流入立方体的流体量就等于从 $x = x_0 + dx$ 流出的。但是，如果流经立方体的速度 v_x 是变化的，那么两端的流量就不会平衡。这样，经过两个平面流入立方体的净流量将会与下面的量成比例：

$$-\frac{\partial v_x}{\partial x} dx dy dz$$

对于流经 y_0 和 $y_0 + dy$ 平面、z_0 和 $z_0 + dz$ 平面的流体而言，推导过程是相同的。实际上，如果你对流经各个平面的流体进行加和，流入立方体的分子的净流量（流入量与流出量之差）是：

$$-\left(\frac{\partial v_x}{\partial x}+\frac{\partial v_y}{\partial y}+\frac{\partial v_z}{\partial z}\right)\mathrm{d}x\mathrm{d}y\mathrm{d}z$$

括号中导数的加和有一个名字：速度场 $\vec{v}(t)$ 的散度（divergence），它表示为：

$$\nabla\cdot\vec{v}=\left(\frac{\partial v_x}{\partial x}+\frac{\partial v_y}{\partial y}+\frac{\partial v_z}{\partial z}\right) \quad (4)$$

散度是一个巧妙的命名，它表示分子的扩散，或者是分子所占体积的增加。如果流体是不可压缩的，那么体积一定不会改变，这就意味着散度必须等于 0。

理解不可压缩性的一种方法是想象流体的每个分子，或每个点占据了不会被改变的体积。它们不会被挤成更小的体积，也不会无缘无故地出现或消失。稍加思索，你就会发现不可压缩性与可逆性是多么相似。第 1 讲的例子中，箭头同样定义了一种流动，并且，在某种意义上，这种流动是不可压缩的，至少它是可逆的。这就提出了一个很直观的问题：相空间中的流动是不是不可压缩的？对于满足哈密顿方程的系统而言，答案是肯定的。而阐述不可压缩性的定理叫作刘维尔定理（Liouville's theorem）。

刘维尔定理

我们回到相空间中的流体流动，并且考虑流体在各个相点处的速度分量。毋庸置疑，相空间流体不是带有坐标 x, y, z 的三维流体。它是带有坐标 p_i, q_i 的二维流体。因此，速度场有 $2N$ 个分量，每个 p 和 q 各有 N 个。我们称它们为 v_{q_i} 和 v_{p_i}。

公式（4）表示的散度的概念可以很容易地推广到任意维度。在三维空间中，散度等于速度分量在其自身方向上导数的和，在任意维度上的定义相同。在相空间中，流动的散度是 $2N$ 个项的和：

$$\nabla \cdot \vec{v} = \sum_i \left(\frac{\partial v_{q_i}}{\partial q_i} + \frac{\partial v_{p_i}}{\partial p_i} \right) \tag{5}$$

如果流体是不可压缩的，那么公式（5）一定等于 0。为了证明这一点，我们需要知道速度场的分量——相空间流体质点的速度。

流体在给定点处的流动矢量通过假想在那一点处的质点的速度定义。也就是说：

$$v_{q_i} = \dot{p}_i$$
$$v_{p_i} = \dot{p}_i$$

而且，$\dot{q}_i$ 和 $\dot{p}_i$ 恰好可以由公式（1）的哈密顿方程给出：

$$v_{q_i} = \frac{\partial H}{\partial p_i}$$

$$v_{p_i} = \frac{\partial H}{\partial q_i} \qquad (6)$$

我们将公式（6）代入公式（5），得到：

$$\nabla \cdot \vec{v} = \sum_i \left(\frac{\partial}{\partial q_i}\frac{\partial H}{\partial p_i} - \frac{\partial}{\partial p_i}\frac{\partial H}{\partial q_i} \right) \qquad (7)$$

我们知道形如 $\dfrac{\partial}{\partial q_i}\dfrac{\partial}{\partial p_i}$ 的二阶导数不依赖于求导次序，可以发现公式（7）中的项成对地互相抵消，进而得到：

$$\nabla \cdot \vec{v} = 0$$

因此，相空间流体是不可压缩的。在经典力学中，相空间流体的不可压缩性被称作刘维尔定理——虽然这个定理和法国数学家约瑟夫·刘维尔（Joseph Liouville）关系不大。伟大的美国物理学家约西亚·威拉德·吉布斯（Josiah Willard Gibbs）于 1903 年首次发表了该定理，因此它又被称作吉布斯－刘维尔定理。

我们将流体的不可压缩性定义为"进入每个微小立方体的流体总量等于 0"。还有一个完全等价的定义。想象在某时刻有给定体积的流体。流体的体积可以是任意形状——球形、立方形、水滴形或其他形状。接下来，当流体流动时，追踪流体中所有的点。一段时间后，流体会流到不同的位置并成为不同的形状。但是，如果流体是不可压缩的，那么流体的体积会与初始时刻的体积相同。因此，我们可以将刘维尔定理重新叙述为：**相空间流体占据的体积对时间守恒。**

我们用简谐振子举例，在相空间中，这种流体围绕原点做圆周运动。显然，流体保持体积不变，因为它只做刚体旋转。实际上，流体的形状也保持不变（这个事实对于简谐振子而言是特别的）。我们再举一例。假设有一个哈密顿函数是：

$$H = pq$$

这个哈密顿函数是完全合理的，虽然你可能并不认识它。我们来求出它的运动方程：

$$\dot{q} = q$$
$$\dot{p} = -p$$

这个方程表示了 q 随时间指数增长，而 p 随时间以相同的速率指数减小。也就是说，流动将流体沿 p 轴压缩，但是将其沿 q 轴以相同的量扩张。每个液滴沿 q 轴被拉伸，而沿 p 轴被压缩。显然，液滴将经历极端的变形，但是它在相空间中的体积不变。

刘维尔定理是我们能想象到的和第 1 讲中讨论的不可逆性最接近的类比。在量子物理学中，刘维尔定理将被它的量子力学版本取代，这种定理被称作幺正性（unitarity）。幺正性更加接近第 1 讲中的内容，我们将在下一本《理论最小值：量子力学》[①] 中讨论这个定理。

泊松括号

19 世纪的法国数学家们是如何发现这些非常优雅、严谨的解决力学问题的数学方法的？（哈密顿是个例外，他是爱尔兰人。）他们是如何得到作用量原理、拉格朗日方程、哈密顿函数和刘维尔定理的？他们是在解决物理问题时发现的，还是在研究方程并设法完善它们的时候发现的？或者是在设计能够刻画新的物理定律的原理时发现的？我想这些原

---

① 《理论最小值：量子力学》是一本入门量子力学的优美科普作品，中文简体字版将由湛庐于 2021 年重磅推出。——编者注

因兼而有之，并且，这些物理学家都非常成功地解决了这些问题。但是，这些数学方法体现的重要性是在 20 世纪量子物理学被提出后才显现的。前辈物理学家似乎对未来有预见一样，他们的这些成果与后来的量子概念可以说得上是"不谋而合"。

还有一个非常具有预见性的力学运算，我们把这个成果归功于法国数学家西莫恩·德尼·泊松[①]。我们用 q_i 和 p_i 的函数的例子来讲述泊松括号（Poisson bracket）的概念。这些例子包括依赖 p 的系统动能和依赖 q 的系统势能，还有依赖 p 和 q 乘积的角动量。当然，还可以考虑其他感兴趣的物理量。不拘泥于指定的函数形式，我们将函数记作 $F(q, p)$。

我们可以从两个方面考虑 $F(q, p)$。首先，它是相空间中位置的函数。但是，如果我们在相空间中追踪点的运动——也就是系统的运动轨迹，那么沿着这个轨迹，F 的值就会发生改变。也就是说，系统沿着特定轨迹的运动将 F 变成了一个时间的函数。下面我们通过计算 F 对时间的导数来计算 F 随点运动的变化规律：

[①] 西莫恩·德尼·泊松（Simeon-Denis Poisson），法国数学家、几何学家和物理学家。——译者注

$$\dot{F} = \sum_{i} \left(\frac{\partial F}{\partial q_i} \dot{q}_i + \frac{\partial F}{\partial p_i} \dot{p}_i \right)$$

接下来的推导思路就很清晰了，我们用哈密顿方程表示 q 和 p 对于时间的导数：

$$\dot{F} = \sum_{i} \left(\frac{\partial F}{\partial q_i} \frac{\partial H}{\partial p_i} - \frac{\partial F}{\partial p_i} \frac{\partial H}{\partial q_i} \right) \tag{8}$$

我不知道泊松是如何发明他的泊松括号概念的，但是我猜想他当时是因为觉得写公式（8）等号右边的部分太烦琐，想用一个新的符号来简化它。我们用两个相空间中的函数 $G(q, p)$ 和 $F(q, p)$ 来举例。这里不需要考虑它们的物理意义或者它们是否属于哈密顿函数。F 和 G 的泊松括号定义为：

$$\{F, G\} = \sum_{i} \left(\frac{\partial \dot{F}}{\partial q_i} \frac{\partial G}{\partial p_i} - \frac{\partial F}{\partial p_i} \frac{\partial G}{\partial q_i} \right) \tag{9}$$

这样，泊松就可以省略书写烦琐的公式（8）。他可以这样写：

$$\dot{F} = \{F, H\} \tag{10}$$

公式（10）的迷人之处在于它有高度的概括性。任何物理量关于时间的导数都可以利用哈密顿函数通过泊松括号描述。哈密顿方程也可以这样表示。为了证明这一点，只需令 $F(q, p)$ 等于某个关于 q 的函数：

$$\dot{q}_k = \{q_k, H\}$$

如果你推导 q_i 和 H 的泊松括号，那么你会发现它只有一项——q_k 对其自身的导数。因为 $\dfrac{\partial q_k}{\partial q_k} = 1$，我们发现泊松括号 $\{q_k, H\}$ 恰好等于 $\dfrac{\partial H}{\partial p}$，这就是哈密顿方程的第一个方程。我们可以很容易地看出第二个方程等价于：

$$\dot{p}_k = \{p_k, H\}$$

注意到这里的两个公式具有相同的正负符号，符号的差别掩藏在了泊松括号的定义中。

泊松对于简洁的执着收到了回报。泊松括号在量子力学中成了最基本的量：交换子（commutator）。

The Theoretical Minimum

第 10 讲

泊松括号、角动量、对称性

lecture 10
Poisson Brackets, Angular
Momentum, and Symmetries

The
Theoretical
Minimum

列尼问道:"嘿,乔治,我们能把鱼挂在泊松的支架 ① 上吗?"

乔治笑着回答道:"只有理论中的鱼才可以。"

---

① "bracket"既有"括号"之意,也有"支架"之意。——译者注

一种力学的公理形式

下面，我们抽象出一组泊松括号的使用规则。这样一来，我们可以省略很多显式计算。你可以证明这组规则确实遵循泊松括号的定义（作为练习，请证明这组规则）。令 A，B 和 C 是 p 与 q 的函数。在上一讲中，泊松括号的定义是：

$$\{A,\ C\} = \sum_i \left(\frac{\partial A}{\partial q_i} \frac{\partial C}{\partial p_i} - \frac{\partial A}{\partial p_i} \frac{\partial C}{\partial q_i} \right) \tag{1}$$

● 泊松括号的第一个性质是反对称（antisymmetry）。

交换泊松括号里的两个函数，泊松括号的符号改变：

$$\{A,\ C\} = -\{C,\ A\} \tag{2}$$

特别地，一个函数自身的泊松括号等于 0：

$$\{A,\ A\} = 0 \tag{3}$$

● 第二个性质是线性（ linearity ）。线性包括两个方面。

首先，如果你给 A（或 C）乘以一个常数 k，那么泊松括号同样也要乘以这个常数：

$$\{kA,\ C\} = k\{A,\ C\} \tag{4}$$

其次，如果你求 $A+B$ 与 C 的泊松括号，结果与先求泊松括号再求和是相同的：

$$\{(A+B),\ C\} = \{A,\ C\} + \{B,\ C\} \tag{5}$$

公式（2）和（3）定义了泊松括号的线性性质。

再次，我们讨论 A 与 B 的乘积 AB 与 C 的泊松括号。为了求解这个式子，你需要回到泊松括号的定义，并利用求导运算的乘法法则。例如：

$$\frac{\partial(AB)}{\partial q} = A\frac{\partial B}{\partial q} + B\frac{\partial A}{\partial q}$$

对于 p 的求导，原理相同。

泊松括号的乘法法则是：

$$\{(AB),\ C\} = B\{A,\ C\} + A\{B,\ C\} \tag{6}$$

最后，你还要记住泊松括号的其他几个基本性

质。注意到 q 和 p 也是它们各个分量的函数。因为
泊松括号涉及对 q 和 p 的求导，所以 q 和其他分量
的泊松括号等于 0。对于 p 来讲，也有相同的结论：

$$\{q_i, q_j\} = 0$$
$$\{p_i, p_j\} = 0 \tag{7}$$

但是，q 和 p 的泊松括号不等于 0。规则是：当
$i=j$ 时 $\{q_i, p_j\} = 1$；当 $i \neq j$ 时 $\{q_i, p_j\} = 0$。用克罗内
克（Kronecker）符号表示为：

$$\{q_i, p_j\} = \delta_{ij} \tag{8}$$

现在我们具备了求解任意泊松括号所需要的知识。我们
可以不用记住泊松括号的定义，只需记住以上的公理数学，
即公式（2）~（8）。

例如，我们要计算：

$$\{q^n, p\} \tag{9}$$

这里为了简便，假设只有单变量 q 和 p。我先告诉你答案，
然后我们再来证明它。答案是：

$$\{q^n, p\} = nq^{(n-1)} \qquad (10)$$

证明这类问题的方法是数学归纳法（mathematical induction）。这包括两个步骤：第一步，假设命题对 n 成立，即公式（10）的归纳假设成立，并且证明命题对 $n+1$ 也成立；第二步，证明当 $n=1$ 时归纳假设成立。

因此，我们用 $n+1$ 代换 n，利用公式（6）可以将公式（9）写成：

$$\begin{aligned} \{q^{(n+1)}, p\} &= \{q \cdot q^n, p\} \\ &= q\{q^n, p\} + q^n\{q, p\} \end{aligned}$$

接下来，利用公式（8），在这里恰好就是 $\{q, p\} = 1$，然后可以得到：

$$\begin{aligned} \{q^{(n+1)}, p\} &= \{q \cdot q^n, p\} \\ &= q\{q^n, p\} + q^n \end{aligned}$$

我们利用公式（10）的归纳假设得到：

$$\begin{aligned} \left\{q^{(n+1)}, p\right\} &= \left\{q \cdot q^n, p\right\} \\ &= q^n \cdot q^{(n-1)} + q^n \\ &= (n+1)q^n \end{aligned} \tag{11}$$

公式（11）就是 $n = n+1$ 时的归纳假设。还需要证明当 $n = 1$ 时公式（10）成立。我们知道 $\{q, p\} = 1$，因此这个假设自然成立。因此，公式（10）成立。

我们还可以从更深刻的层次研究这个问题。注意到 $nq^{(n-1)}$ 是 q^n 的导数。因此，有下面的等式：

$$\{q^n, p\} = \frac{\mathrm{d}(q^n)}{\mathrm{d}q} \tag{12}$$

用 q 的任意多项式（甚至是无穷级数）函数 $F(q)$ 举例。对于多项式中的每一项应用公式（12），并利用线性性质整理结果，我们可以证明：

$$\{F(q), p\} = \frac{\mathrm{d}F(q)}{\mathrm{d}q} \tag{13}$$

因为任意光滑函数都可以用多项式函数以任意精度近似，所以公式（13）对于 q 的任意函数都成立。实际上，我们还可以得到更深刻的结论。对于 q 和 p 的任意函数，可以很容易地证明：

$$\{F(q, p), p_i\} = \frac{\partial F(q, p)}{\partial q_i} \qquad (14)$$

本讲经典力学练习

练习 1：证明本页公式（14）。

这样，我们发现了泊松括号的一个新的性质：**求任意函数与 p_i 的泊松括号等价于求该函数对 q_i 的导数。我们可以直接通过泊松括号的定义证明这个结论，但是我想通过严谨的公理证明它。**

求 $F(q, p)$ 和 q_i 的泊松括号会得到什么结果呢？你也许能够利用对称性猜到结果：

$$\{F(q, p), q_i\} = -\frac{\partial F(q, p)}{\partial p_i} \qquad (15)$$

本讲经典力学练习

练习 2：哈密顿方程可以写成 $\dot{q}=\{q,\,H\}$ 和 $\dot{p}=\{p,\,H\}$ 的形式。假设某哈密顿函数形如 $H=\dfrac{1}{2m}p^2+V(q)$，只利用泊松括号的公理推导它对应的牛顿运动方程。

角动量

在第 7 讲中，我解释了旋转对称性和角动量守恒之间的关系。作为复习，我们简单回顾一下质点在 x、y 平面上的运动。我们把无穷小旋转量写成如下形式：

$$\delta x = \varepsilon f_x = -\varepsilon y$$
$$\delta y = \varepsilon f_y = \varepsilon x \qquad (16)$$

然后，假设拉格朗日函数具有不变性，可以得到一个守恒量：

$$Q = p_x f_x + p_y f_y$$

改变这个式子的一个符号，称其为角动量 L：

$$L = xp_x - yp_y \qquad (17)$$

接下来，我们讨论三维空间的情况，其中角动量用矢量表示。公式（16）依然成立，但是它具有新的意义：它表示旋转系统关于 z 轴旋转的规则。实际上，我们可以补充第三个方程表示绕 z 轴旋转时 z 轴分量不变：

$$\delta x = \varepsilon f_x = -\varepsilon y$$
$$\delta y = \varepsilon f_y = \varepsilon x$$
$$\delta z = 0 \qquad (18)$$

公式（17）同样成立，只是我们称等号左边的部分为角动量的 z 轴分量。其他两个分量可以容易地计算，只要按照 $x \to y, y \to z, z \to x$ 循环坐标即可得到：

$$L_z = xp_y - yp_x$$
$$L_x = yp_z - zp_y$$
$$L_y = zp_x - xp_z$$

你也许已经猜到了，如果系统对于每个轴都有旋转对称性，那么矢量 $\vec{L}$ 的每个分量都守恒。

下面我们考虑关于角动量的泊松括号。例如，计算 x，y，z 与 L_z 的泊松括号：

$$\{x, L_z\} = \left\{x, \left(xp_y - yp_x\right)\right\}$$
$$\{y, L_z\} = \left\{y, \left(xp_y - yp_x\right)\right\}$$
$$\{z, L_z\} = \left\{z, \left(xp_y - yp_x\right)\right\} \tag{19}$$

你可以用公式（1）的定义或者利用公理计算以上泊松括号。

The Theoretical
Minimum

本讲经典力学练习

练习 3：分别利用泊松括号的定义和公理计算公式（19）的泊松括号。提示：在每个表达式中，寻找括号中与坐标 x，y，z 有非零泊松括号结果的量。例如，在第一个泊松括号里，x 与 p_x 有非零泊松括号。

公式（19）的结果如下：

$$\{x, L_z\} = -y$$
$$\{y, L_z\} = x$$
$$\{z, L_z\} = 0$$

如果我们把这个式子与公式（18）进行比较，会发现一个很有趣的模式。当求解各个坐标和 L_z 的泊松括号时，我们重现了关于 z 轴的无穷小旋转的表达式（除了符号 ε）。即：

$$\{x, L_z\} \sim \delta x$$
$$\{y, L_z\} \sim \delta y$$
$$\{z, L_z\} \sim \delta z$$

其中，$\sim$ 表示"除了符号 ε 之外"。

我们可以得到一个并不意外的结论——对守恒量求泊松括号，将得到一种（具有守恒定律相关对称性的）坐标变换的效果。这是一般性的结论，并且为我们提供了一种思考对称性和守恒性之间关系的思路。在我们深入探讨这个关系之前，先来讨论一下关于其他角动量的泊松括号。首先，很容易把之前的结论推广到 L 的其他分量上。你可以通过循环坐标 $x \to y, y \to z, z \to x$ 得到结论。这么做的话你会得到另外 6 个方程, 并且你可能会问: 能否用一个简洁的方式归纳这些方程? 答案是肯定的。

数学插曲: 列维 – 奇维塔符号

一种好的记号法可以省略很多符号, 特别是对于那些重复出现的符号。克罗内克符号 δ_{ij} 就是一个例子。在这一节中, 我会介绍另一种记号法, 它叫作列维 – 奇维塔[①]符号 (Levi-Civita symbol), 也称作 ε 符号, 记作 ε_{ijk}。克罗内克符号的角标 i、j、k 表示空间的 3 个方向——x、y、z 或 1、2、3。克罗内克符号可以取两个值: 1 或 0, 取决于 $i=j$ 或 $i \neq j$。ε 符号可以取 3 个值: 0、1、–1。列维 – 奇维塔符号 ε_{ijk} 的取值规则比克罗内克符号 δ_{ij} 稍复杂。

首先, 如果任意两个角标相等, 那么 $\varepsilon_{ijk}=0$。例如, ε_{111} 和 ε_{223} 都等于 0。只有当三个角标互不相等时 ε_{ijk} 才不等于零。有 6 种可能性: ε_{123}、ε_{231}、ε_{312}、ε_{213}、ε_{132}、ε_{321}。其中, 前 3 个等于 1, 后三个等于 –1。

前后 3 种可能性的差别是什么? 它们的差别可以这样描

---

① 图利奥 · 列维 – 奇维塔 (Tullio Levi-Civita), 意大利数学家。——译者注

述：将 1、2、3 分布在一个圆上，就像一个只有 3 个刻度的时钟（如图 10-1 所示）。

图 10-1　数字 1、2、3 的圆形分布

从任意一个数字开始顺时针移动，你会得到（123）、（231）或（312），具体是哪个结果取决于初始位置。如果逆时针移动，你会得到（132）、（213）、（321）。列维 - 奇维塔符号的规则是对于顺时针序列 $\varepsilon_{ijk}=1$，逆时针序列 $\varepsilon_{ijk}=-1$。

重新回到角动量

现在，有了列维 - 奇维塔符号 ε，我们可以写出所有坐标和所有 $\vec{L}$ 分量的泊松括号：

$$\{x_i, L_j\} = \sum_k \varepsilon_{ijk} x_k \qquad （20）$$

例如，我们想求 $\{y, L_x\}$，用 1、2、3 代替 x、y、z，并且利用公式（20），可以得到：

$$\{x_2,\ L_1\} = \varepsilon_{213}x_3$$

因为 213 是逆时针序列，所以 $\varepsilon_{213}=-1$。因此：

$$\{x_2,\ L_1\} = -x_3$$

我们来考虑另一组泊松括号——p_i 与 $\vec{L}$ 分量的泊松括号。它们很容易求解，并且利用列维－奇维塔符号 ε，我们可以得到：

$$\{p_i,\ L_j\} = \varepsilon_{ijk}p_k$$

例如：

$$\{p_x,\ L_z\} = -p_y$$

值得注意的是，p 与 L 的泊松括号和 x 与 L 的泊松括号有相同的形式。这很有趣，因为在旋转坐标的情况下，p 和 x 进行了相同的变换。正如在关于 z 轴的旋转条件下 $\delta x \sim -y$，p_x 的扰动与 $-p_y$ 成比例。

这个性质有深远的意义。它告诉我们计算在旋转坐标条件下某个量的改变量时，可以通过计算这个量与角动量的泊松括号得到。当坐标关于第 i 个轴旋转时：

$$\delta F = \{F, L_i\} \qquad (21)$$

角动量是旋转的生成元（generator）。

接下来，我们先讨论泊松括号在问题列式和求解过程中的作用，再回过头来探讨对称变换、泊松括号和守恒量之间的密切关系。

转子与进动

我们还有一项工作没有完成，那就是计算不同角动量分量之间的泊松括号。任何量与其自身的泊松括号都等于 0，但是 $\vec{L}$ 的两个分量的泊松括号不等于 0。考虑：

$$\{L_x, L_y\} = \left\{ \left(yp_z - zp_y \right),\ \left(zp_x - xp_z \right) \right\}$$

利用泊松括号的定义或者公理，我们可以得到：

$$\{L_x,\, L_y\} = L_z$$

你可以自己尝试求解。

通过循环坐标 x、y、z，可以得到一般性的表达式，用列维－奇维塔符号表示如下：

$$\{L_i,\, L_i\} = \sum_k \varepsilon_{ijk} L_k \qquad （22）$$

这个公式很简洁，但是我们能用它做什么？为了展示公式（22）的作用，我们考虑一个小球在外太空高速旋转的例子。我们称其为转子（rotor）。它在任意瞬时都存在一个旋转轴，并且角动量沿着轴的方向。如果该转子不受任何外力影响，那么它的角动量守恒，而且它的旋转轴也不会改变。

现在假设这个转子带电。因为它在高速旋转，所以它的行为类似一个电磁铁，沿着旋转轴具有北极和南极。偶极子的强度与转速成比例——更好的说法是与角动量成比例。这个例子不会有什么特别之处，但是当我们把它这个转子放在一个磁场 $\vec{B}$ 中，情况就不同了。这种情况下 $\vec{L}$ 和 $\vec{B}$ 矢量之间存在夹角，这会引入一种能量（如图 10-2 所示）。

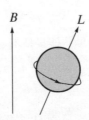

图 10-2 转子旋转轴与磁场矢量呈夹角

这个能量与两个矢量夹角的余弦值和它们的模的乘积成正比。也就是说，这个能量与两个矢量的点积成正比：

$$H \sim \vec{B} \cdot \vec{L} \qquad (23)$$

这里我使用 H 表示能量，因为稍后我们会用它来表示系统的哈密顿函数。

我们假设磁场方向沿着 z 轴，这样 H 与 $\vec{L}$ 的 z 轴分量成正比。将磁场强度、小球所带电荷量、球半径以及其他未指定的常数归纳为一个常数 ω，$\vec{L}$ 和 $\vec{B}$ 轴线矢量非重合引入的能量可以表示为：

$$H = \omega L_z \qquad (24)$$

我们暂停一下，看看我们正在讨论的以及接下来要讨论的内容。显然，如果没有磁场，那么系统具有旋转对称性，此时转动转子的旋转轴，能量是不变的。但是由于磁场的引入，旋转还与其他因素相关。因此，旋转对称性不复存在。公式（23）和（24）表示旋转对称性。磁场的引入带来什么效果？答案很明显：角动量不再守恒——不再有对称性或守恒性。这意味着旋转轴的方向随时间改变。但是改变的规律是什么样的？

我们可以尝试猜测答案。转子是一个磁体——像指南针的指针，直觉告诉我们角动量的方向会像钟摆一样向 $\vec{B}$ 的方向摆动。如果转子转动得非常快，那么这种猜测就是错误的。实际会发生的是：角动量会像陀螺仪一样，围绕磁场发生进动（陀螺仪会在重力场中发生进动）。为了证明这一点，我们用泊松括号推导矢量 $\vec{L}$ 的运动方程。

首先，注意到任何量关于时间的导数都等于这个量和哈密顿函数的泊松括号。对 $\vec{L}$ 的各个分量应用这个规则，得到：

$$\dot{L}_z = \{L_z, H\}$$
$$\dot{L}_x = \{L_x, H\}$$
$$\dot{L}_y = \{L_y, H\}$$

或者利用公式（24）得到：

$$\dot{L}_z = \omega\{L_z, L_z\}$$
$$\dot{L}_x = \omega\{L_x, L_z\}$$
$$\dot{L}_y = \omega\{L_y, L_z\}$$

现在我们可以看到重点。即使不知道转子的材料、带电的位置或者有多少质点参加运动，依然可以求解这个问题：因为我们知道 $\vec{L}$ 的所有分量之间的泊松括号。我们先来计算 $\dot{L}_z$，因为它包括 L_z 和它自身的泊松括号：

$$\dot{L}_z = 0$$

这说明 $\vec{L}$ 的 z 轴分量不变。这个结论立即排除了 $\vec{L}$ 像钟摆一样围绕磁场 $\vec{B}$ 摆动的可能性。

接着，我们用公式（22）求解 $\dot{L}_x$ 和 $\dot{L}_y$：

$$\dot{L}_x = -\omega L_y$$
$$\dot{L}_y = \omega L_x$$

这恰好就是 x, y 平面上一个矢量绕着原点以角速度 ω 匀速转动的运动方程。也就是说，$\vec{L}$ 在磁场中发生进动。泊松括号的作用在于，它让我们在只知道哈密顿函数与 $\vec{B}\cdot\vec{L}$ 成比例的情况下求解问题。

对称性与守恒

我们再来观察公式（21），它的含义是在旋转运动的作用下，任何量的改变和它与 L_i 的泊松括号成比例。而且，L_i 恰好是由于旋转不变性而具有守恒性的量。这是一种很有趣的关系，而且你也许会对它的一般性感到惊奇。我再举几个类似的例子。考虑直线上的一个质点，如果存在平移不变性，那么动量 p 是守恒的。现在，求任意一个 x 的函数与 p 的泊松括号：

$$\{F(x),\,p\}=\frac{\mathrm{d}F}{\mathrm{d}x}$$

在 x 发生无穷小平移 ε 时，$F(x)$ 的改变量是多少？答案是：

$$\delta F=\varepsilon\frac{\mathrm{d}F}{\mathrm{d}x}$$

或者：

$$\delta F = \varepsilon \{F(x), p\}$$

再举一例：如果某系统具有时间平移不变性，那么它的哈密顿函数守恒。当时间发生无穷小平移的时候，系统的某个量的微小改变是多少？正如你猜想的——等于这个量与哈密顿函数 H 的泊松括号的时间导数。

我们尝试把这种关系一般化。令 $G(q, p)$ 表示系统的坐标和动量的函数。这里使用符号 G 是因为我要将其称作生成元（generator）。这个生成元生成的是相空间点的微小位移。根据定义，我们将相空间的每个点都移动 δq_i，δp_i，其中：

$$\delta q_i = \{q_i, G\}$$
$$\delta p_i = \{p_i, G\} \tag{25}$$

公式（25）生成了相空间的一个无穷小变换。这个由生成元 G 生成的变换可能是系统的一种对称性。需要满足什么样的条件才能成为对称性呢？答案是需要满足条件：无论从哪个位置开始变换，能量都不会被改变。也就是说，如果在生成元 G 生成的变换作用下 $\delta H = 0$ 成立，那么这个变换是一个对称性。因此，我们可以把满足对称性的条件写成：

$${H, G} = 0 \qquad\qquad (26)$$

公式（26）还可以从另一个角度解读。因为改变泊松括号内两个函数的顺序只会改变结果的符号，公式（26）还可以表示成：

$${G, H} = 0 \qquad\qquad (27)$$

这恰好是生成元 G 具有守恒性需要满足的条件。我们可以这样理解：在生成元 G 生成的变换的作用下，泊松括号告诉我们 H 的变化规律，同时也告诉我们生成元 G 随时间变化的规律。

The Theoretical Minimum

第 11 讲

电力与磁力

lecture 11
Electric and Magnetic Forces

　　列尼在外套的口袋里放了一块磁铁。对他来说，磁铁吸引铁钉和小块金属的现象是一个具有无穷魅力的趣味源泉，并且，磁铁让指南针旋转的现象也令他感到着迷。在这个马蹄形的铁块里到底有什么魔力？不管它是什么，列尼对摆弄他的这个玩具都乐此不疲。

　　但是列尼还不知道，地球也是一块"磁铁"。他也不知道地球磁场产生了一个保护力，这个力将带电粒子的轨道弯曲到对地球生物来说安全的位置，保护人们免受致命辐射的伤害。这些事实暂时还是超过了列尼的理解范畴。

　　"乔治，给我讲讲磁力吧。"

矢量场

场是空间和时间的函数，它通常被用来描述随位置变化和随时间变化的物理量。气象学中，场的两个例子是当地的气温和气压。因为温度会变化，所以把它看作空间和时间的函数 $T(x, y, z, t)$，或者更简单的形式 $T(x, t)$ 也是合理的。温度场和气压场显然不是矢量场，因为它们不涉及方向，也没有不同方向上的分量。寻找温度在 y 轴上的分量是没有意义的。在空间上各个点只包含一个值的场被称作标量场（scalar field）。温度场是一个标量场。

有的场是矢量场（vector field），例如风速场。矢量场具有大小和方向以及各个方向上的分量。我们可以把矢量场写成 $\vec{v}(x, t)$，或者写成它的分量形式 $v_i(x, t)$。其他矢量场的例子还包括：由电荷形成的电场和由电流形成的磁场。

一个场随空间位置变化而变化，因此我们可以对这个场求导数从而获得一个新的场。例如，温度的三个分量的导数 $\frac{\partial T}{\partial x}$，$\frac{\partial T}{\partial y}$，$\frac{\partial T}{\partial z}$ 可以看作一个叫作温度梯度（temperature gradient）的矢量场的三个分量。如果温度从北向南递增，那么梯度方向指向南方。下面，我们先花点时间复习一下对物理场求导数构造新的场的方法。

数学插曲：倒三角运算

我们创造一个伪矢量，称之为 $\overline{\nabla}$。如前所述 ∇ 的字面名字叫"倒三角"（del），我猜想它代表 delta，虽然 delta 正确的写法是 Δ。$\overline{\nabla}$ 的分量不是数，而是求导符号：

$$\nabla_x \equiv \frac{\partial}{\partial x}$$

$$\nabla_y \equiv \frac{\partial}{\partial y} \qquad (1)$$

$$\nabla_z \equiv \frac{\partial}{\partial z}$$

看上去公式（1）似乎没有意义。矢量的分量应该是数，而不是符号。无论如何，单纯的求导符号也没有意义——对什么求导？实际上 ∇ 从不独自出现，就像求导符号 $\frac{\mathrm{d}}{\mathrm{d}x}$ ——

样，它一定是作用在某个量上——对某个函数求导。例如，∇ 可以作用在例如温度一样的标量上。∇T 的分量是：

$$\nabla_x T \equiv \frac{\partial T}{\partial x}$$

$$\nabla_y T \equiv \frac{\partial T}{\partial y}$$

$$\nabla_z T \equiv \frac{\partial T}{\partial z}$$

并且，这些分量确实构成了矢量场的分量——温度梯度。用相同的方法，我们可以构造任何标量场的梯度场。

接下来，我们定义矢量场的散度（divergence）。散度的定义类似于两个矢量的点积 $\vec{V} \cdot \vec{A} = V_x A_x + V_y A_y + V_z A_z$（两个矢量的点积等于一个标量）。矢量的散度同样是一个标量。令矢量场为 $\vec{A}(x)$，$\vec{A}$ 的散度是 $\vec{\nabla}$ 和 $\vec{A}$ 的点积——$\vec{\nabla} \cdot \vec{A}$。我们可以很容易地猜到这个符号的用法和点积类似：

$$\vec{\nabla} \cdot \vec{A} = \frac{\partial A_x}{\partial x} + \frac{\partial A_y}{\partial y} + \frac{\partial A_z}{\partial z} \tag{2}$$

我们知道两个矢量的叉积等于另一个矢量。叉积的分量是：

$$\left(\vec{V} \times \vec{A}\right)_x = V_y A_z - V_z A_y$$

$$\left(\vec{V} \times \vec{A}\right)_y = V_z A_x - V_x A_z$$

$$\left(\vec{V} \times \vec{A}\right)_z = V_x A_y - V_y A_z$$

叉积可以用列维 – 奇维塔符号表示为：

$$V_i A_j - V_j A_i = \sum_k \varepsilon_{ijk} \left(\vec{V} \times \vec{A}\right)_i \qquad (3)$$

The Theoretical
Minimum

本讲经典力学练习

练习 1： 证明公式（3）以及 $V_i A_j - V_j A_i = \sum_k \varepsilon_{ijk} \left(\vec{V} \times \vec{A}\right)_i$。

下面我们用伪矢量 $\vec{\nabla}$ 代换公式里的 $\vec{V}$：

$$\left(\vec{\nabla} \times \vec{A}\right)_i = \sum_k \sum_j \varepsilon_{ijk} \frac{\partial A_k}{\partial x_j}$$

展开形式是：

$$\left(\vec{\nabla}\times\vec{A}\right)_x = \frac{\partial A_z}{\partial y} - \frac{\partial A_y}{\partial z}$$

$$\left(\vec{\nabla}\times\vec{A}\right)_y = \frac{\partial A_x}{\partial z} - \frac{\partial A_z}{\partial x}$$

$$\left(\vec{\nabla}\times\vec{A}\right)_z = \frac{\partial A_y}{\partial x} - \frac{\partial A_x}{\partial y}$$

我们所做的是在已知一个矢量场 $\vec{A}(x)$ 的情况下，通过一种特殊的方式对 A 求导，从而得到另一个矢量场 $\vec{\nabla}\times\vec{A}$。新的矢量场 $\vec{\nabla}\times\vec{A}$ 被称作 $\vec{A}$ 的旋量（curl）。

这里有一个很容易证明的定理：任何矢量场 $\vec{A}(x)$ 的旋量都没有散度，即：

$$\vec{\nabla}\cdot\left[\vec{\nabla}\times\vec{A}\right] = 0$$

实际上，这个定理还有一个强形式（这个形式证明起来略微困难一些）：当且仅当一个场是另一个场的旋量时，它的散度等于 0。

这里还有一个定理，用一个标量场的梯度定义一个矢量场：

$$\vec{E}(x) = \vec{\nabla}V(x)$$

其中 V 是标量场。此时，$\vec{E}$ 的旋量等于 0：

$$\vec{\nabla} \times \left[\vec{\nabla} V(x) \right] = 0 \qquad (4)$$

The Theoretical
Minimum

本讲经典力学练习

　　练习 2：证明公式（4）。

磁场

　　磁场 $\left[记作 \vec{B}(x) \right]$ 是矢量场，但不是任何矢量场都能表示磁场。所有磁场都有一个共同的特征：散度等于 0。因此，任何磁场都可以表示成某个辅助场的旋量：

$$\vec{B} = \vec{\nabla} \times \vec{A} \qquad (5)$$

　　其中 $\vec{A}$ 叫作矢势（vector potential）。它的分量表示形式是：

$$B_x = \frac{\partial A_z}{\partial y} - \frac{\partial A_y}{\partial z}$$

$$B_y = \frac{\partial A_x}{\partial z} - \frac{\partial A_z}{\partial x}$$

$$B_z = \frac{\partial A_y}{\partial x} - \frac{\partial A_x}{\partial y} \tag{6}$$

矢势是一种特殊的场。在某种意义上，它不具有像磁场或电场一样的实际意义。它唯一的定义是它的旋量是磁场。一个磁场或电场是可以在局部被测量的。也就是说，如果你想知道在空间的某个区域是否存在电场或磁场，那么你可以在那个区域做实验来验证。这种实验通常包括检测在那个区域的带电质点是否受力。但是，矢势不能在局部被测量。首先，它们不是由其所表示的磁场唯一定义的。假设 $\vec{B}$ 通过一个公式（5）定义的矢势给出。我们总可以在不改变 $\vec{B}$ 的基础上给 $\vec{A}$ 加上一个梯度来定义一个新的矢势。原因在于，一个梯度的旋量等于 0。因此，如果两个矢势关于某标量 s 具有以下关系：

$$\vec{A}' = \vec{A} + \nabla s$$

那么它们能够定义完全一样的磁场，且不能通过实验加以区分。

我们已经不是第一次见到用一个量的导数定义另一个量时引入待定项的问题。回想施加在某个系统上的力等于势能梯度的负数：

$$\vec{F}(x) = -\nabla U(x)$$

势能函数可以不唯一：**你可以给势能函数加上任意的常数而不改变力。**这意味着你不能测量势能，只能测量势能的导数。矢势的情况也相同，这也就是为什么它也被叫作"势"的原因。

我们来思考一个关于磁场以及伴随它的矢势的例子。最简单的例子是方向沿着 z 轴的均匀磁场：

$$
\begin{aligned}
B_x &= 0 \\
B_y &= 0 \\
B_z &= b
\end{aligned}
\tag{7}
$$

其中 b 表示场的强度。下面定义一个矢势

$$
\begin{aligned}
A_x &= 0 \\
A_y &= bx \\
A_z &= 0
\end{aligned}
\tag{8}
$$

当计算 $\vec{A}$ 的旋量时，只需计算一项，那就是 $\dfrac{\partial A_y}{\partial x}=b$。
因此，这个磁场唯一的分量是 z 轴分量，它的值等于 b。

公式（8）有一些有趣的性质。均匀磁场看起来关于在
x，y 平面内的旋转完全对称。但是，矢势只有 y 轴分量。
然而，我们可以利用一个只有 x 轴分量的矢势 $\overrightarrow{A'}$ 来定义完
全一样的磁场：

$$A'_x = -by$$
$$A'_y = 0 \qquad\qquad (9)$$
$$A'_z = 0$$

The Theoretical
Minimum

本讲经典力学练习

练习 3： 证明由公式（8）、（9）确定的矢势定义了相同
的均匀磁场。这意味着这两个矢势相差一个梯
度。计算这个加到公式（8）能够得到公式（9）
的梯度对应的标量。

对一个矢势进行变换，使其表示相同磁场的操作有一个名字——规范变换（gauge transformation）。为什么称之为"规范"？这归因于一个历史上的小错误。这个"规范"曾一度被错误地认为可以反映在不同位置测量长度时产生的歧义性。

如果矢势不确定而磁场是确定的，那么为什么还要用矢势呢？答案是：**如果没有矢势，我们就不能描述在磁场中的最小作用量原理、拉格朗日函数、哈密顿函数以及泊松力学体系**。这是一个奇怪的情况：物理规律规范不变（gauge invariant），但是形式主义却要求我们选择一个规范（一种矢势的特别表示方法）来描述它[①]。

带电质点受力

带电质点受电场 $\vec{E}$ 和磁场 $\vec{B}$ 影响。由电场产生的力具有简单的形式，我们在之前的章节中已经讨论论过。特别地，

----

① 作者在这里说的"形式主义"是其幽默的说法。事实上，某些无法直接观测的物理量需要依靠其他物理量的变换得到（例如，经典电磁学中，矢量势无法测量，但是可以通过对可观测的磁感强度取旋度获得）。"规范"一词的起源可以参考复旦大学施郁教授的博客文章《物理学中的"规范"及其历史起源》。——译者注

电场力是势能的梯度。利用电场可以表示为：

$$\vec{F} = e\vec{E}$$

其中 e 是质点带电量。电磁学理论告诉我们（非时间相关）静电场没有旋量，因此它一定是一个梯度。静电场通常表示为：

$$\vec{E} = -\vec{\nabla}V$$

我们可以把静电场力写成：

$$\vec{F} = -e\vec{\nabla}V$$

这些参数都是常见物理量，其中，势能等于 $e\vec{\nabla}V$。

带电质点所受磁场力与受电场力不同，它略微复杂。这个力不仅与质点所在磁场的位置有关，还与质点的速度相关。这是一种速度相关力（velocity-dependent forces）。带电质点受磁场力首先由荷兰物理学家亨德里克·安东·洛伦兹（Hendrik Antoon Lorentz）发现，并被称作洛伦兹力（Lorentz force）。它与质点的速度矢量和光速 c 相关：

$$\vec{F} = \frac{e}{c}\vec{v} \times \vec{B} \qquad (10)$$

请注意：洛伦兹力与速度场和磁场方向垂直。将公式（10）与牛顿方程 $\vec{F} = m\vec{a}$ 联立，我们可以得到磁场中质点的运动方程：

$$m\vec{a} = \frac{e}{c}\vec{v} \times \vec{B} \tag{11}$$

洛伦兹力不是我们遇到的第一个速度相关力。回想在旋转坐标系中，有两个所谓的虚拟力：离心力和科里奥利力。科里奥利力可以由下式计算得到：

$$\vec{F} = 2m\vec{v} \times \vec{\omega} \tag{12}$$

其中 $\vec{\omega}$ 是表示旋转坐标系角速度的矢量。科里奥利力和洛伦兹力非常相似，磁场和角速度在各自中扮演相同的角色。当然，不是所有的磁场都是均匀的，因此磁场中会遇到的情形远比科里奥利力复杂。

拉格朗日函数

以上讨论牵出了一个问题：如何用力学的作用量或拉格朗日形式描述磁场力？表示作用量和矢量的符号都是 A，这可能会引起混淆。从现在起，我们用 A 表示作用量，用 $\vec{A}$

或 A_i 表示矢势。我们集中讨论磁场（或洛伦兹力），忽略电场，或令其等于 0。首先考虑一个不受力的自由质点的作用量：

$$A = \int_{t_0}^{t_1} L\left(x,\ \dot{x}\right) \mathrm{d}t$$

其中：

$$L = \frac{m}{2}\left(\dot{x}_i\right)^2$$

这里，下标 i 表示空间中的方向，并且省略了遍历 x，y，z 的求和符号。在后面的讨论中，我们都会采用这种省略方式。

我们需要在作用量或拉格朗日函数的基础上增加哪些量才能得到洛伦兹力呢？答案并不明显。但是，我们知道无论需要增加的是什么，它应该与电荷量成比例，并且还应该以某种形式与磁场相关。

你可能会自己尝试推导，但是找不到头绪。实际上，你不可能直接通过考虑磁场 $\vec{B}$ 而得到洛伦兹力。解决关键是利用矢势。对矢势最简单的运算是将其与速度矢量进行点积。注意到拉格朗日函数只与位置和速度相关。你可能还会

尝试对位置矢量和 $\vec{A}$ 求点积，但是那样没有意义。所以，我们来尝试给拉格朗日函数增加下面的项：

$$\frac{e}{c}\vec{v}\cdot\vec{A}(x) = \frac{e}{c}\sum_i\left[\dot{x}_i A_i(x)\right] \tag{13}$$

考虑到光速是因为它与电荷量在洛伦兹力中同时出现。这样，我们得到了作用量的表达式：

$$A = \int_{t_0}^{t_1}\sum_i\left[\frac{m}{2}(\dot{x}_i)^2 + \frac{e}{c}\dot{x}_i\cdot A_i(x)\right]dt \tag{14}$$

你可能会认为运动方程中只应该包含磁场，不应该出现矢势。我们知道矢势不唯一，那么如果我们进行一个规范变换 $\vec{A}' = \vec{A} + \vec{\nabla}s$ 的话，会不会得到另一个答案？下面，我们看看如果这样做的话，作用量会发生什么变化。

作用量中最重要的部分来自本讲公式（13）：

$$A_L = \frac{e}{c}\int_{t_0}^{t_1}\sum_i\left[\dot{x}_i A_i(x)\right]dt$$

或者以显式写成：

$$A_L = \frac{e}{c}\int_{t_0}^{t_1}\sum_i\left[A_i(x)\frac{dx_i}{dt}\right]dt$$

在这个公式里，A_L 是我们为了表示洛伦兹力而给作用量增加的一部分，因此用下标 L。假设我们想通过增加 $\vec{\nabla}s$ 使 $\vec{A}$ 改变，看起来需要给 A_L 增加下面的这项：

$$\frac{e}{c}\int_{t_0}^{t_1}\sum_i\left(\frac{\partial s}{\partial x_i}\frac{\mathrm{d}x_i}{\mathrm{d}t}\right)\mathrm{d}t$$

如果你仔细观察这一项，那么你就会发现这一项可以简化成简单的表达式。分子和分母上的 $\mathrm{d}t$ 可以互相消去：

$$\frac{e}{c}\sum_i\left(\int_{t_0}^{t_1}\frac{\partial s}{\partial x_i}\mathrm{d}x_i\right)$$

此时，这个表达式恰好就是 s 在轨迹开始和结束位置的差值。也就是说，规范变换使作用量增加了 s_1-s_0，其中 s_0 和 s_1 分别表示 s 在轨迹开始和结束位置的值。由于规范变换带来的作用量改变量是：

$$s_1-s_0 \tag{15}$$

这个改变是否会对运动方程产生影响？我们来回忆一下作用量原理的内容。已知空间和时间中的两点 x_0, t_0 和 x_1, t_1 连接它们的有很多的可能轨迹，但是其中只有一个是真实轨迹。真实轨迹是使作用量最小化或者使其平稳的那一个。因此，我们需要考察所有连接这两个点的轨迹直到我们找到平稳的作用量解。从这个原理出发，我们得到了欧拉－拉格朗日运动方程。

正如我们在上面公式（15）看到的，只有改变轨迹的端点，规范变换才能改变作用量。如果端点保持不变，那么作用量就不会改变。平稳作用量解只与在不改变端点条件下改变轨迹相关。虽然作用量发生变化，但是运动方程不变，解也不变。我们称运动方程和它们的解是规范不变量（gauge invariant）。

这里还需要解释一些术语：因为有很多可能的矢势可以描述相同的物理条件，某个特定的选择被称作一个规范（gauge）。例如，公式（8）和（9）是描述相同均匀磁场的两个不同规范。实验结果不依赖于规范的选择，这个物理原理被称作规范不变性（gauge invariance）。

运动方程

我们回到公式（14）的讨论。我们以显式写出拉格朗日函数：

$$L = \frac{m}{2}\left(\dot{x}^2 + \dot{y}^2 + \dot{z}^2\right) + \frac{e}{c}\left(\dot{x}A_x + \dot{y}A_y + \dot{z}A_z\right) \qquad (16)$$

从 x 开始，拉格朗日运动方程是：

$$\dot{p}_x = \frac{\partial L}{\partial x} \qquad (17)$$

首先来看正则动量：你可能认为这里的动量就是通常意义的质量乘以速度，但这不正确。正确的定义是：动量是拉格朗日函数对于速度分量的导数。通过质点的拉格朗日函数确实可以得到 $p=mv$，但却不包括磁场。从公式（16）我们得到：

$$p_x = m\dot{x} + \frac{e}{c} A_x \qquad (18)$$

你可能会感到疑虑，因为这个公式暗示了正则动量不具有规范不变性。确实是这样，但是我们还没有完成推导，还有两件事要做。必须计算 p_x 的时间导数以及公式（17）的等号右边项。如果我们足够幸运，那么所有依赖规范的变量都会消去。

公式（17）等号左边等于：

$$\dot{p}_x = m a_x + \frac{e}{c} \frac{\mathrm{d}}{\mathrm{d}t} A_x$$
$$= m a_x + \frac{e}{c} \left(\frac{\partial A_x}{\partial x} \dot{x} + \frac{\partial A_x}{\partial y} \dot{y} + \frac{\partial A_x}{\partial z} \dot{z} \right)$$

其中 a_x 是加速度的 x 分量。

公式（17）等号右边等于：

$$\frac{\partial L}{\partial x} = \frac{e}{c}\left(\frac{\partial A_x}{\partial x}\dot{x} + \frac{\partial A_y}{\partial y}\dot{y} + \frac{\partial A_z}{\partial z}\dot{z}\right)$$

我们合并上面两个公式，得到：

$$ma_x = \frac{e}{c}\left(\frac{\partial A_y}{\partial x} - \frac{\partial A_x}{\partial y}\right)\dot{y} + \frac{e}{c}\left(\frac{\partial A_z}{\partial x} - \frac{\partial A_x}{\partial z}\right)\dot{z} \qquad (19)$$

公式（19）看似复杂，但是注意到其中的 $\dfrac{\partial A_y}{\partial x} - \dfrac{\partial A_x}{\partial y}$ 和 $\dfrac{\partial A_z}{\partial x} - \dfrac{\partial A_x}{\partial z}$ 我们在公式（17）里见过——它们是磁场的 z 和 y 分量。我们可以把公式（19）写成更简单的形式：

$$ma_x = \frac{e}{c}\left(B_z\dot{y} - B_y\dot{z}\right) \qquad (20)$$

仔细观察公式（20），你会对一些事实感到印象深刻。首先，这个公式是规范不变的：在等号右边，磁场的存在使得矢势完全消去。等号左边是质量乘以加速度——恰好与牛顿运动方程的等号左边一样。实际上，公式（20）就是牛顿–洛伦兹运动方程的 x 分量，即公式（12）。

这里也许有人会问：既然矢势在公式中被消去，那么为什么还要花时间讨论？为什么不直接写出具有规范不变性的牛顿－洛伦兹方程？答案是：可以，但是这样做就不能将这个方程以作用量原理或者哈密顿运动方程的形式建立。这对于经典理论或许没什么影响，但是对量子力学来说就是一场灾难。

哈密顿函数

在讨论磁场中带电质点的哈密顿函数之前，我们首先回到质点动量的定义。你可能仍然感觉有些不太理解。我们这么做是基于两个互相独立的概念：机械动量和正则动量。机械动量是你在基础力学中学习到的（动量等于质量乘以速度），而正则动量是在高等力学中学习的（正则动量等于拉格朗日函数对于速度的导数）。在最简单的情况中（拉格朗日函数等于动能减势能）以上两种动量是相同的，因为唯一与速度相关的是 $\frac{1}{2}mv^2$。

但是，如果拉格朗日函数变得复杂，那么这两种动量就可能不相同了。在公式（18）中我们看到这样一个例子：正则动量等于机械动量加一个与矢势成比例的项。我们可以把正则动量写成矢量形式：

$$\vec{p} = m\vec{v} + \frac{e}{c}\vec{A}(x) \tag{21}$$

我们熟悉机械动量，它是规范不变的。这是可以直接观察到的，从这个意义上讲，它是"真实的"。我们不熟悉正则动量，而且它也不是那么"真实"。它会随着规范变换而改变。但是不管它是否真实，如果你想要将质点运动用拉格朗日函数或哈密顿函数描述，就必须用到正则动量。

我们先来回顾哈密顿函数的定义：

$$H = \sum_i \left(p_i \dot{q}_i \right) - L$$

在这里的例子中，它的表达式是：

$$H = \sum_i \left\{ p_i \dot{x}_i - \left[\frac{m}{2}(\dot{x}_i)^2 + \frac{e}{c}\dot{x}_i \cdot A_i(x) \right] \right\} \tag{22}$$

我们继续推导。首先我们需要去掉速度项。这很容易，因为哈密顿函数总是可以看作坐标和动量的函数，我们可以求解方程（21）并用 p 表示速度：

$$\dot{x}_i = \frac{1}{m}\left[p_i - \frac{e}{c}A_i(x) \right] \tag{23}$$

将公式（23）代入公式（22）中出现的速度分量，稍加整理可以得到如下表达式：

$$H = \sum_i \left\{ \frac{1}{2m} \left[p_i - \frac{e}{c} A_i(x) \right] \left[p_i - \frac{e}{c} A_i(x) \right] \right\} \quad (24)$$

本讲经典力学练习

练习4： 利用本讲公式（24）的哈密顿函数推导哈密顿
运动方程，并证明它恰好就是牛顿 - 洛伦兹运
动方程。

如果仔细观察公式（24），你可以发现一些惊喜。
$\left[p_i - \frac{e}{c} A_i(x) \right]$ 等于机械动量 mv_i。哈密顿函数：

$$H = \frac{1}{2} mv^2$$

也就是说，数值上它与常规的动能相等。连同其他条
件，可以证明能量是规范不变的。因为它是守恒的，所以只
要磁场不随时间变化，常规动能也守恒。但这不意味着质点
运动不受磁场影响。如果你想要用哈密顿函数来推导运动方

程，那么你必须要用正则动量来描述，而不能用速度，然后
套用哈密顿方程。或者，你可以用速度和拉格朗日函数，但
是这样的话拉格朗日函数不等于常规的动能。无论用哪种方
法，完成推导时，你都会发现带电质点受规范不变的洛伦兹
磁场力。

匀强磁场中的运动

匀强磁场中的运动很容易求解，并且，这种运动可以解
释很多我们讨论过的原理。我们假设有一磁场沿着 z 轴方
向，强度等于 b。公式（6）、（7）、（8）可以描述这种运动。
公式（7）、（8）选择不同的矢势，展示了一个规范变换引
入待定项的例子。我们先选择公式（7）并写出它的哈密顿
函数，即利用公式（24）和 $\left(A_x = 0,\ A_y = bx,\ A_z = 0\right)$，可以
得到：

$$H = \frac{1}{2m}\left[\left(p_x\right)^2 + \left(p_z\right)^2 + \left(p_y - \frac{e}{c}bx\right)^2\right]$$

和往常一样，我们先要寻找守恒定律。我们已知一个守
恒定律：能量守恒。正如我们所见过的，能量是常规的动
能，即 $\frac{1}{2}mv^2$，可以推断出速度的大小是恒定的。

接下来，注意到在 H 中出现的唯一的坐标是 x。这意味着当我们完全推导出哈密顿方程时，p_x 不守恒，而 p_y 和 p_z 守恒。我们来深入讨论一下。首先来看 z 分量。因为 $A_z = 0$、$p_z = mv_z$，且 p_z 守恒，说明速度的 z 分量同样守恒。

下面来看 p_y 是否守恒。这里 p_y 不等于 mv_y 而等于 $mv_y + \dfrac{e}{c}bx$。通过 p_y 守恒可以知道：

$$ma_y + \frac{e}{c}bv_x = 0$$

或

$$a_y = -\frac{eb}{mc}v_x \tag{25}$$

注意到 p_y 守恒不意味着速度的 y 分量守恒。

p_x 是否守恒？它看起来不守恒，因为 H 显含 x。我们可以用哈密顿方程求解加速度的 x 分量，但是我想用另一种方法推导。我将在推导中改变规范并利用公式（7），而不是公式（8）。注意物理现象保持不变。从公式（7）推导得到的新的哈密顿函数是：

$$H = \frac{1}{2m}\left[\left(p_x + \frac{e}{c}by\right)^2 + \left(p_y\right)^2 + \left(p_z\right)^2\right]$$

这个哈密顿函数不依赖于 x，意味着 p_x 守恒。怎么会得到这个结论呢？我们之前证明了，当使用公式（8）时，动量的 x 分量 p_x 守恒。答案是，当我们进行规范变换时，p 的分量发生变化。在这两种情况中，p_x 具有不同的意义。

我们再来看看在新的规范下 p_x 守恒的含义。利用公式（7）我们发现 $p_x = mv_x - \dfrac{e}{c}by$。因此，$p_x$ 的守恒可以表达为：

$$a_x = \frac{eb}{mc}v_y \qquad (26)$$

到这里，你可能已经发现了本讲中公式（25）和（26）的相似之处。它们都是匀强磁场中的牛顿 – 洛伦兹运动方程。

The Theoretical
Minimum

本讲经典力学练习

练习 5： 证明在 x，y 平面中，公式（25）和（26）的解对应以平面上任意一点为圆心的圆形轨道。利用速度项求解轨道的半径。

规范不变性

我把磁场力放在最后一讲，是因为我希望你能记住这些内容，以便在将来有关量子力学和场论的课程中能回忆起相关内容。规范场和规范不变性不是将洛伦兹力写成拉格朗日形式时的副产品，它们是成为从量子电动力学到广义相对论甚至更前沿的物理学基础的指导性原理。它们在凝聚态物理学中扮演主导角色——解释如超导体的诸多实验现象。我们将在对于"规范"的概念的回顾中，结束对经典力学的讨论。但是，"规范"真正的重要性需要在后续的课程中才能体现。

规范场（矢势是最基本的例子）的最简单含义是：它是一个为了保证某些约束得到满足而引入的辅助物理量。在磁场的例子中，不是任意 $\vec{B}(x)$ 都被允许的。对于 $\vec{B}(x)$ 的约束是：散度等于 0，即：

$$\vec{V} \cdot \vec{B} = 0$$

为了满足这个条件，我们把磁场写成某个物理量 $\vec{A}(x)$ 的旋量的形式，这是因为旋量没有散度。这是一个避免出现 $\vec{B}(x)$ 显式约束的技巧。

但是很快我们发现不能离开 $\vec{A}(x)$。假如没有矢势，我们就不能从拉格朗日函数推导出洛伦兹力的定律。这成了一种模式：**无论以拉格朗日形式还是哈密顿形式建立现代物理学方程，都需要引入辅助规范场。**

但是它们也是抽象的。虽然它们不可或缺，但是你可以改变它们而不改变物理现象。这种变换被称作规范变换，而且这种物理现象不变的情况被称作规范不变性。规范场不能是"真实"的，因为我们可以改变它们而不改变具有规范不变性的物理现象。但是从另一方面讲，我们需要它们来描述物理定律。

这里我并不能给你一个瞬间理解规范场概念的答案，我只是想解释它的本意：**物理定律包含规范场，但是客观现象是规范不变的。**

旅程告一段落，但远未结束

到这里，我们就完成了经典力学的讨论。如果你一直跟随我们学习到了这里，你就知道《理论最小值》的下一本书将要进入更深入的内容，那就是《理论最小值：量子力学》，敬请期待。

The Theoretical Minimum

附 录

有心力与行星轨道

Appendix
Central Forces and Planetary Orbits

The
Theoretical
Minimum

　　列尼俯下身子，透过望远镜的镜片望向天空。这是他第一次这么做。他看到了土星环，并感叹它的美丽。"乔治，你见过土星环吗？"

　　乔治点点头说道："是啊，我见过。"

　　列尼看着列尼问："它们从哪儿来？"

　　乔治回答道："就像地球绕着太阳转一样。"

　　列尼点点头，问道："为什么它做的是圆周运动呢？"

重力有心力

有心力是指向中心的力。换句话说，指向空间中一点的力（如图 1 所示）。并且，如果一个力是有心力，那么这个力在各个方向上的大小都相等。

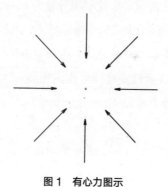

图 1　有心力图示

除了明显的旋转对称性以外，从数学的角度上看，有心力没有特别之处。但是它在历史上在物理学中扮演了特殊的角色。牛顿首先解决的行星轨道问题实际是一个有心力问题。电子绕氢原子核做轨道运行也是有心力问题，两个原子互相围绕做轨道运动而形成分子可以简化为一个有心力中心是质量中心的有心力问题。因为在书中没有足够的时间讨论这个内容，我们把它附加在这里作为附录。

我们集中讨论地球绕比它质量大得多的太阳做轨道运动的问题。根据牛顿定律，太阳施加给地球的力与地球施加给太阳的力等值反向。并且，这个力沿着连接两个天体的直线。因为太阳的质量比地球大得多，所以太阳的运动可以忽略，并且可以假设它保持在一个固定的位置。我们可以把坐标系原点 $x = y = z = 0$ 选择在太阳的中心。与之对应的，地球绕着原点做轨道运动。我们用分量为 x, y, z 的矢量 $\vec{r}$ 表示地球的位置。因为太阳位于坐标原点，所以地球受力指向原点，如图 1 所示。同时，这个力的大小只与距离原点的距离相关。一个具有这些性质（指向原点且大小只与距离相关）的力被称作有心力（central force）。

我们重新写出第 1 讲插曲中的单位矢量表达式：

$$\hat{r} = \frac{\vec{r}}{r}$$

如果用公式表达，有心力的定义是：

$$\vec{F} = f(\vec{r})\hat{r}$$

其中 $f(\vec{r})$ 确定了两个量。首先，$f(\vec{r})$ 的模等于地球距离太阳为 r 时受到的力的模。其次，$f(\vec{r})$ 的符号决定了力是指向太阳还是地球——这个力是引力还是斥力。特别地，如果 $f(\vec{r})$ 是正的，那么这个力指向地球（斥力）；如果它是负的，那么这个力指向太阳（引力）。

太阳与地球之间的力显然是有心力。根据牛顿万有引力定律，质量分别为 m_1 和 m_2 的物体之间的引力具有如下性质：

- **性质 1**：这个力是引力，并且与物体的质量与常数 G 的乘积成比例。今天，我们称这个常数 G 为牛顿常数，它的值是 $G \approx 6.673\text{m}^3\text{kg}^{-1}\text{s}^{-2}$。

- **性质 2**：这个力与物体之间的距离的平方成反比。

总结起来，这个力是引力且它的值等于 $\dfrac{Gm_1m_2}{r^2}$。

换句话说，函数 $f(\vec{r})$ 等于：

$$f\left(\vec{r}\right) = -\frac{Gm_1 m_2}{r^2}$$

并且

$$\vec{F}_{\text{grav}} = -\frac{Gm_1 m_2}{r^2}\hat{r}$$

对于太阳和地球组成的系统，我们把太阳的质量表示为 M，地球的质量表示为 m。地球受到的引力是：

$$\vec{F}_{\text{grav}} = -\frac{GMm}{r^2}\hat{r}$$

地球在运行轨道上的运动方程是常见的 $F=ma$，或者用有心力表示为：

$$m\frac{\mathrm{d}^2\vec{r}}{\mathrm{d}t^2} = -\frac{GMm}{r^2}\hat{r}$$

我们可以注意到一个有趣的事实：这个公式中地球的质量可以在等号两边互相消去，因此运动方程不依赖于地球质量，即：

$$\frac{\mathrm{d}^2\vec{r}}{\mathrm{d}t^2} = -\frac{GM}{r^2}\hat{r} \tag{1}$$

具有不同质量的物体（例如一颗卫星）也可以在与地球相同的轨道里绕太阳运动。对于这个事实有一点需要指出：**因为太阳的质量相比于地球或卫星来说非常大，这个事实才成立，即太阳的运动可以忽略不计。**

引力势能

引力可以通过势能函数推导得到。与势能相关的力等于势能梯度的负数：

$$F = -\nabla V$$

不难猜想引力势能 V 的形式。首先，我们知道引力与常数 GMm 成比例，所以势能肯定也包含这些常数。

接下来，因为引力的大小只与距离 r 相关，我们猜想势能 $V(r)$ 也只与 r 相关。最后，因为我们需要对 $V(r)$ 求导数从而得到引力，也因为引力与 $1/r^2$ 成比例，所以势能一定与 $-\dfrac{1}{r}$ 成比例。综上所述，我们很自然地猜想引力势能的形式是：

$$V\left(r\right) = -\frac{GMm}{r}$$

事实上，这就是引力势能的表达式。

地球的平面运动

我们之前提到过：有心力具有对称性。你可能认为它具有的是关于原点的旋转对称性。在第 7 讲中我们知道，旋转对称性的本质是角动量守恒。假设在某一瞬时地球位于位置 $\vec{r}$ 且具有速度 $\vec{v}$。我们可以把这两个矢量和太阳所在的位置放在一个平面上——地球运行轨道的瞬时平面。

角动量矢量 $\vec{L}$ 与叉积 $\vec{r} \times \vec{v}$ 成比例，因此它垂直于 $\vec{r}$ 和 $\vec{v}$（如图 2 所示）。也就是说，角动量垂直于轨道平面。这个性质和角动量守恒定律联合起来十分有用。守恒定律告诉我们矢量 $\vec{L}$ 保持不变，通过这个定律我们可以知道轨道平面保持不变。简而言之，地球轨道和太阳永久地处于同一平面并保持不变。知道了这个性质，我们就可以在保持轨道在 x、y 平面的前提下任意旋转坐标系。此时，整个问题变成了一个二维问题，第三个坐标 z 不再起作用。

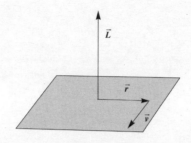

图 2　角动量 $\vec{L}$、位置矢量 $\vec{r}$ 和速度之 $\vec{v}$ 间的关系示意图

极坐标

我们可以继续使用笛卡儿坐标系 x, y，但是用极坐标系 r, θ 处理有心力问题更方便：

$$r = \sqrt{x^2 + y^2}$$
$$\cos\theta = \frac{x}{r}$$

在极坐标系中，地球的动能可以简便地表示为：

$$T = \frac{m}{2}\left(\dot{r}^2 + r^2\dot{\theta}^2\right) \tag{2}$$

势能的表达式更简单——它不包含 θ：

$$V\left(r\right) = -\frac{GMm}{r} \qquad (3)$$

运动方程

通常，拉格朗日函数是推导运动方程的最简单方法。拉格朗日函数是动能减去势能，即 $L=T-V$。利用公式（2）和（3）可以得到极坐标下的拉格朗日函数：

$$L = \frac{m}{2}\left(\dot{r}^2 + r^2\dot{\theta}^2\right) + \frac{GMm}{r} \qquad (4)$$

运动方程为：

$$\frac{\mathrm{d}}{\mathrm{d}t}\frac{\partial L}{\partial \dot{r}} = \frac{\partial L}{\partial r}$$

$$\frac{\mathrm{d}}{\mathrm{d}t}\frac{\partial L}{\partial \dot{\theta}} = \frac{\partial L}{\partial \theta}$$

可以写成显示表达式，如：

$$\ddot{r} = r\dot{\theta} - \frac{GM}{r} \qquad (5)$$

以及

$$\frac{\mathrm{d}}{\mathrm{d}t}\left(mr^2\dot{\theta}\right) = 0 \qquad (6)$$

最后一个公式具有守恒定律的形式。不出意外地，它表示角动量守恒（更准确地说，它表示角动量的 z 轴分量的守恒）。习惯上用符号 L 表示角动量，但这里我们已经用它表示拉格朗日函数了，所以换用 p_θ 表示。如果我们知道在任意瞬时的 p_θ，就能知道它在其他时刻的值。我们可以这样表示：

$$mr^2\dot{\theta} = p_\theta \qquad (7)$$

并将 p_θ 按常数处理。

这个运动方程让我们可以利用地球和太阳之间的距离来表达角速度。可以求解出 $\dot{\theta}$：

$$\dot{\theta} = \frac{p_\theta}{mr^2} \qquad (8)$$

我们过会儿再讨论这个角速度和径向距离之间的关系，先来讨论 r 的方程，即：

$$m\ddot{r} = mr\dot{\theta}^2 - \frac{GMm}{r^2} \qquad (9)$$

在公式（9）中出现了角速度，但我们可以用公式（8）取代它：

$$m\ddot{r} = \frac{p_\theta^2}{mr^3} - \frac{GMm}{r^2} \qquad (10)$$

公式（9）的求解很有趣，它看起来像"有效"组合力作用下单独坐标 r 的方程：

$$F_{有效} = \frac{p_\theta^2}{mr^3} - \frac{GMm}{r^2} \qquad (11)$$

$-\frac{GMm}{r^2}$ 表示引力，但是乍看上去第二项似乎出人意料。实际上，它表示绕原点做角运动的质点所受的虚拟离心力。

我们很有必要把公式（11）看作描述质点在真实引力和虚拟离心力合力作用下运动的方程。当然，对于角动量的任何一个值，我们必须重新调整 p_θ，但是因为 p_θ 是守恒的，我们可以把它当作一个定值。

在知道有效力的基础上，我们就可以建立包含引力效应和离心力效应的有效势能函数：

$$V_{有效} = \frac{p_\theta^2}{2mr^2} - \frac{GMm}{r} \qquad (12)$$

便可以很容易地证明：

$$F_{\text{有效}} = -\frac{\mathrm{d}V_{\text{有效}}}{\mathrm{d}r}$$

从实际应用角度，我们可以把 r 描述的运动看作具有通常动能形式 $\frac{m\dot{r}^2}{2}$、势能等于 $V_{\text{有效}}$ 的质点运动，它的拉格朗日函数是：

$$L_{\text{有效}} = \frac{m\dot{r}^2}{2} - \frac{p_\theta^2}{2mr^2} + \frac{GMm}{r} \tag{13}$$

有效势能曲线

为了更好地理解问题，画出势能的图象是个好办法。例如，可以通过势能的驻点（极大值点和极小值点）判断出平衡点（系统处于静止的点）。为了理解有心力运动，也可以画出有效势能曲线。我们首先分别画出 $V_{\text{有效}}$ 中的两个项的曲线，如图 3 所示。注意这两项的符号相反：离心力项是正而引力项是负。原因是引力将质点向原点吸引，而离心力将质点推离原点。

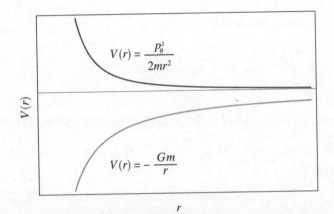

图3　离心力和引力的势能曲线

在原点附近，离心力作用最显著，但是当 r 值较大时，引力具有更大的数值。当我们把这两项结合起来，得到 $V_{有效}$ 的曲线如图 4 所示。

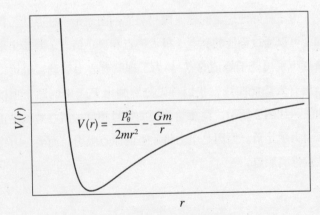

图4　离心力和引力结合势能曲线

当把这两项结合起来时，图象上会出现一个最小值点。这看起来似乎有些奇怪：我们并没预料到地球会在某个点处保持静止。但是我们需要记住的是，现在只是讨论坐标 r 的行为，忽略角坐标 θ。这里的重点是：**在地球绕太阳运动的过程中，对于每个角动量，都存在距离太阳的径向距离等于常数的轨道。这样的轨道是圆形的。**在 $V_{有效}$ 的曲线上，圆形轨道用一个假想的停留在最小值点处的点表示。

下面计算在最小值点处 r 的值。我们需要对 $V_{有效}$ 求导数，并令导数等于 0。这个运算留给读者完成。运算结果是，最小值点出现在：

$$r = \frac{p_\theta^2}{GMm^2} \qquad (14)$$

通过公式（14）可以求出已知地球角动量的条件下的轨道半径（假设轨道是圆形的，但这事实上并不正确）。

开普勒定律

第谷·布拉赫（Tycho Brahe）是生活在望远镜被发明之前的 16 世纪，是一位丹麦天文学家，他利用一根长杆和一些器械测量角度，并给出了当时最精确的太阳系行星运动记录和数据表。作为一个理论家，他对这些结果感到有些疑惑。他的数据表是他留下的遗产。

第谷的学生约翰内斯·开普勒（Johannes Kepler）把这些数据表利用了起来。开普勒把这些数据拟合成简单的几何图形和数学公式。他并不清楚天体为何会按照他的定律运动——按照现代标准，他的这些"为什么理论"只能算是碰巧，但是开普勒的理论是正确的。

牛顿的一个伟大贡献是，他用自己的包括反比平方引力定律（the inverse square law of gravity）在内的运动学理论，解释了开普勒天体运动定律，这在某种程度上开启了现代物理学。开普勒三定律内容如下：

- **开普勒第一定律：** 所有行星绕太阳的轨道都是椭圆，太阳在椭圆的一个焦点上。

- **开普勒第二定律：** 行星和太阳的连线在相等的时间间隔内扫过相等的面积。

- **开普勒第三定律：** 所有行星绕太阳运动的轨道周期的平方与它们轨道半径的立方成比例。

先来看开普勒第一定律，即椭圆定律。之前我们解释过，圆形轨道对应着在有效势能曲线最小值点处的平衡状态。但是有的一维有效系统运动在最小值点附近，而不是最小值点上，往复振荡。这种运动会使地球周期性地靠近、远离太阳。同时，因为系统具有角动量 L，所以地球还必须围绕太阳运动。也就是说，角度 θ 随时间增加而增大。这种距离振荡变化、角度变化的运动轨迹是椭圆形。图 5 展示了一个椭圆轨道。如果你追踪这个轨道并只观察径向距离的变化，那么地球的位置周期性地往复变化，就好像在有效势能曲线上振荡一样。

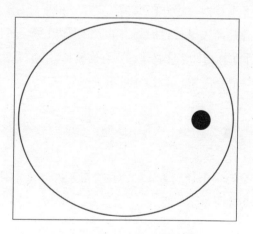

图 5　地球绕太阳运动的椭圆轨道

证明这个轨道是椭圆形有一点儿复杂，但这里我们暂不讨论。

我们再来看一个质点在有效势能曲线上运动的问题。假设这个质点能量足够大，以至于它可以完全脱离势阱（the dip in the potential energy）。在这种轨道上，质点来自无穷远处，在 $r=0$ 处跳出势能曲线，并且再不返回。这种轨道真实存在，它们被称作无界双曲线轨道（unbounded hyperbolic orbits）。

接下来我们讨论开普勒第二定律。根据开普勒第二定律，随着径向矢量扫过椭圆，单位时间内它扫过的面积相等。听上去这像一个守恒定律，它确实是——它是角动量守恒定律。把公式（7）除以质量 m：

$$r^2 \dot{\theta} = \frac{p_\theta}{m} \qquad (15)$$

想象有一条径向直线扫过一个面积，在微小时间段 δt 内，面积改变 $\delta\theta$。

图 6 中直线扫过的小三角形面积等于：

$$\delta A = \frac{1}{2} r^2 \delta\theta$$

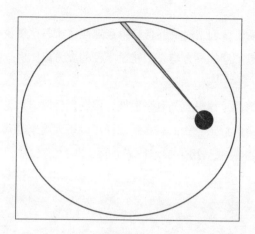

图 6 微小时间段 δt 内连接地球和太阳的直线所扫过的面积

你可以利用三角形面积等于二分之一底（r）乘以高（$r\delta\theta$）验证这个公式。如果我们把这个结果除以时间段 δt，那么将得到：

$$\frac{\mathrm{d}A}{\mathrm{d}t} = \frac{r^2}{2}\dot{\theta}$$

但现在我们利用形如公式（15）的角动量守恒定律，进而得到最终的公式：

$$\frac{\mathrm{d}A}{\mathrm{d}t} = \frac{p_\theta}{2m} \qquad （16）$$

因为 p_θ 和 m 不变，我们可以知道单位时间扫过的面积是一个常数，并且，这个面积与轨道角动量成比例。

最后，我们来讨论开普勒第三定律：**所有行星绕太阳运动的轨道周期的平方与它们轨道半径的立方成比例。**

开普勒定律形式具有一般性，但我们暂时只讨论它对于圆形轨道的形式。我们有多种途径可以得到这个公式，但最简单的办法是利用牛顿定律 $F = ma$。做轨道运动的地球仅受引力，它的值等于：

$$F = -\frac{GMm}{r^2}$$

另外，在第 2 讲中我们计算了做圆形轨道运动物体的加速度等于：

$$a = \omega^2 r \tag{17}$$

其中 ω 表示角速度。

本讲经典力学练习

练习 1：证明公式（17）可由第 2 讲中公式（3）推导而来。

牛顿定律成为：

$$\frac{GMm}{r^2} = m\omega^2 r$$

我们可以容易地解出 ω^2：

$$\omega^2 = \frac{GM}{r^3}$$

最后一步，是利用轨道周期（运行一周的时间）与角速度相关的这个性质。用希腊字母 τ 表示周期，我们可以得到：

$$\tau = \frac{1}{2\pi\omega}$$

习惯上用字母 T 表示周期，但我们已经用它表示动能了。将以上两个公式联立，我们可以得到：

$$\tau^2 = \frac{1}{4\pi GM} r^3$$

可以看出，运动周期的平方确实与轨道半径的立方成比例。

未来，属于终身学习者

> 我这辈子遇到的聪明人（来自各行各业的聪明人）没有不每天阅读的——没有，一个都没有。巴菲特读书之多，我读书之多，可能会让你感到吃惊。孩子们都笑话我。他们觉得我是一本长了两条腿的书。
>
> ——查理·芒格

互联网改变了信息连接的方式；指数型技术在迅速颠覆着现有的商业世界；人工智能已经开始抢占人类的工作岗位……

未来，到底需要什么样的人才？

改变命运唯一的策略是你要变成终身学习者。未来世界将不再需要单一的技能型人才，而是需要具备完善的知识结构、极强逻辑思考力和高感知力的复合型人才。优秀的人往往通过阅读建立足够强大的抽象思维能力，获得异于众人的思考和整合能力。未来，将属于终身学习者！而阅读必定和终身学习形影不离。

很多人读书，追求的是干货，寻求的是立刻行之有效的解决方案。其实这是一种留在舒适区的阅读方法。在这个充满不确定性的年代，答案不会简单地出现在书里，因为生活根本就没有标准切的答案，你也不能期望过去的经验来解决未来的问题。

而真正的阅读，应该在书中与智者同行思考，借他们的视角看到世界的多元性，提出比答案更重要的好问题，在不确定的时代中领先起跑。

湛庐阅读App：与最聪明的人共同进化

有人常常把成本支出的焦点放在书价上，把读完一本书当作阅读的终结。其实不然。

时间是读者付出的最大阅读成本

怎么读是读者面临的最大阅读障碍

"读书破万卷"不仅仅在"万"，更重要的是在"破"！

现在，我们构建了全新的"湛庐阅读"App。它将成为你"破万卷"的新居所。在这里：

● 不用考虑读什么，你可以便捷找到纸书、电子书、有声书和各种声音产品；

● 你可以学会怎么读，你将发现集泛读、通读、精读于一体的阅读解决方案；

● 你会与作者、译者、专家、推荐人和阅读教练相遇，他们是优质思想的发源地；

● 你会与优秀的读者和终身学习者为伍，他们对阅读和学习有着持久的热情和源源不绝的内驱力。

从单一到复合，从知道到精通，从理解到创造，湛庐希望建立一个"与最聪明的人共同进化"的社区，成为人类先进思想交汇的聚集地，与你共同迎接未来。

与此同时，我们希望能够重新定义你的学习场景，让你随时随地收获有内容、有价值的思想，通过阅读实现终身学习。这是我们的使命和价值。

本书阅读资料包

给你便捷、高效、全面的阅读体验

本书参考资料
湛庐独家策划

- ☑ **参考文献**
  为了环保、节约纸张，本书注释与参考文献以电子版方式提供

- ☑ **主题书单**
  编辑精心推荐的延伸阅读书单，助你开启主题式阅读

- ☑ **图片资料**
  部分图片提供高清彩色原版大图，方便保存和分享

相关阅读服务
终身学习者必备

- ☑ **电子书**
  便捷、高效，方便检索，易于携带，随时更新

- ☑ **有声书**
  保护视力，随时随地，有温度、有情感地听本书

- ☑ **精读班**
  2~4周，最懂这本书的人带你读完、读懂、读透这本好书

- ☑ **课 程**
  课程权威专家给你开书单，带你快速概览一个领域的知识全貌

- ☑ **讲 书**
  30分钟，大咖给你讲本书，让你挑书不费劲

湛庐编辑为您独家呈现
助您更好获得书里和书外的思想和智慧，请扫码查收！

（阅读资料包的内容因书而异，最终以湛庐阅读App页面为准）

图书在版编目（CIP）数据

理论最小值：经典力学 / （美）莱昂纳德·萨斯坎德（Leonard Susskind），（美）乔治·拉保夫斯基（George Hrabovsky）著 ；白嵩译. -- 杭州：浙江教育出版社，2021.7
ISBN 978-7-5722-1955-9

Ⅰ. ①理… Ⅱ. ①莱… ②乔… ③白… Ⅲ. ①牛顿力学－普及读物 Ⅳ. ①O3-49

中国版本图书馆CIP数据核字(2021)第110882号

上架指导：科普 / 物理学

浙江省版权局
著作权合同登记号
图字：11-2020-264号

理论最小值：经典力学
LILUN ZUIXIAOZHI：JINGDIAN LIXUE

[美] 莱昂纳德·萨斯坎德（Leonard Susskind）
[美] 乔治·拉保夫斯基（George Hrabovsky）　著
白　嵩　译

责任编辑：高露露
美术编辑：韩　波
封面设计：ablackcover.com
责任校对：刘晋苏
责任印务：沈久凌
出版发行：浙江教育出版社（杭州市天目山路40号　电话：0571-85170300-80928）
印　　刷：唐山富达印务有限公司
开　　本：880mm×1230mm 1/32
印　　张：10
版　　次：2021年7月第1版
书　　号：ISBN 978-7-5722-1955-9
字　　数：191千字
印　　次：2021年7月第1次印刷
定　　价：89.90元

如发现印装质量问题，影响阅读，请致电 010-56676359 联系调换。